Franz Schiffner

Die photographische Messkunst,

oder, Photogrammetrie, Bildmesskunst, Phototopographie

Franz Schiffner

Die photographische Messkunst,
 oder, Photogrammetrie, Bildmesskunst, Phototopographie

ISBN/EAN: 9783743632165

Hergestellt in Europa, USA, Kanada, Australien, Japan

Cover: Foto ©berggeist007 / pixelio.de

Weitere Bücher finden Sie auf **www.hansebooks.com**

Die

raphische Messkunst

oder

Photogrammetrie,
esskunst, Phototopographie.

Von

Franz Schiffner,

Professor a. d. k. u. k. Marine-Realschule zu Pola.

Mit 83 Figuren.

Halle a. S.
Verlag von Wilhelm Knapp.
1892.

Die
photographische Messkunst.

Vorrede.

Die photographische Messkunst hat nur langsam und mühevoll sich Bahn gebrochen. Dass sie eine Berechtigung hat, haben bereits Arago und Gay-Lussac im Jahre 1839 betont, als sie der französischen Deputierten- und Pairs-Kammer über die Erfindung des Nièpce und Daguerre, die schönen Bilder der Camera obcura festzuhalten, Bericht erstatteten. Wenn die Hoffnungen, welche man bezüglich der Verwertung der Photographie in der praktischen Messkunst hegte, lange Zeit unerfüllt blieben, so lag die Schuld einerseits in der Unbequemlichkeit der alten photographischen Manipulationen, andererseits an den mangelhaften Objectiven älterer Construction. Nach beiden Seiten hin ist es nun besser geworden und damit hat auch für die photographische Messkunst (Photogrammetrie, Bildmesskunst, Phototopographie) eine neue Blüteperiode begonnen. Dass dies der Fall sind, dafür sprechen eine Reihe von Publicationen, welche jüngerer Zeit über den Gegenstand in verschiedenen Fachzeitschriften erschienen ist, dafür sprechen die Berichte über neue photogrammetrische Apparate und die damit erzielten Resultate. Auch gibt es bereits ein ganz vortreffliches, abgeschlossenes Werk über die Photogrammetrie (Die Photogrammetrie oder Bildmesskunst von Dr. C. Koppe, Prof. a. d. techn. Hochsch. z. Braunschweig. Weimar 1889. K. Schwier); von einen zweiten (Die Photographie im Dienste des Ingenieurs. Ein Lehrbuch der Photogrammetrie, bearb. v. dipl. Ing. Fr. Steiner, o. ö. Prof. a. d. k. k. d. techn. Hochsch. i. Prag. Wien 1891. Lechner — W. Müller—) liegt der erste Theil vor. Beide setzen aber ziemlich eingehende Vorstudien voraus und verlangen gewandte Rechner oder Constructeure. Es schien mir deshalb angezeigt zu sein, die Bildmesskunst in einer solchen Weise zur Darstellung zu bringen, dass sie auch bei geringeren Vorkenntnissen zum Verständnisse kommt. Ich legte deshalb namentlich im ersten Theile das Hauptgewicht auf die einfachen Constructionen und berührte die Rechnungen nur nebenbei; einzelne schwierigere Partien wurden bloss der Vollständigkeit halber aufgenommen. Welchen Weg ich einzuschlagen habe, um das gesteckte Ziel zu erreichen, das wurde mir durch den historischen Entwicklungsgang vorgezeichnet.

Die eigentlichen Grundlagen der Bildmesskunst sind älter als die Photographie. Die Theorie derselben wurde schon von Lambert berührt, der in seiner „freien Perspective" (Zürich 1759) über die Construction des Grundrisses aus der Perspective spricht und dabei auf die Feldmesskunst hinweist; Beautemps-Beaupré hat das Verfahren in den Jahren 1791—1793 praktisch ausgeübt indem, er aus perspectivischen Handzeichnungen Karten entwarf. Hieraus folgt, dass man die photographische Messkunst am leichtesten studieren wird, wenn man von den Lehren der Perspective ausgeht; ich habe deshalb meine Darstellungen mit den Gesetzen der centralen Projection eingeleitet. Nach kurzen Erörterungen über das Wesen der Photographie und über die Objective folgen dann die Erklärungen der photogrammetrischen Methode in der Art, dass einerseits das Leichtere dem Schwereren vorangeht, andererseits aber auch auf die photographischen Apparate Rücksicht genommen wird. Zuerst kommen Constructions-Verfahren zur Sprache, bei denen gewöhnliche Photographien benützt werden können, erst dann wird gezeigt, wie man den photographischen Apparat ausrüsten muss, um ihn zu einem Messinstrumente umzugestalten. Die Erklärung der Arbeiten mit eigens für photogrammetrische Zwecke construierten Apparaten, sowie Beschreibung derselben, bilden mit einigen eingehenden wissenschaftlichen Begründungen und solchen Verfahren welche compliciertere Rechnungen erfordern, als zweiten und dritten Theil den Abschluss. Dabei bietet sich zugleich Gelegenheit, die Geschichte der Photogrammetrie zu berühren; dieselbe soll bis auf die Gegenwart verfolgt werden, wobei sich zeigen wird, dass der Gegenstand immer mehr an Boden gewinnt. Er verdient aber auch ohne Zweifel grössere Beachtung seitens der Photographen und Geometer. Wie oft kommt man z. B. nicht in die Lage, Formen und Grössenverhältnisse eines Gegenstandes bestimmen zu müssen, ohne dass man an dem Gegenstande selbst Messungen vornimmt, weil man es entweder nicht thun kann (wie bei solchen die ihre Form schnell ändern, oder bei denen, die unzugänglich sind), es nicht thun will (wenn Beschädigung zu fürchten ist) oder es nicht thun darf (wenn aus irgend welchen Gründen ein Berühren verboten ist); dann wird oft die photographische Fixierung in einer solchen Weise, dass die erhaltene Photographie für geometrische Aufnahmen geeignet ist, der einzige Ausweg bleiben. Aber selbst in Fällen, in welchen man am Gegenstande messen kann, wird die angedeutete Aufnahme meistens verlässlicher, immer schneller und vollständiger sein als jede andere. Denken wir nur an einen Gegenstand der Kunst, an einen antiken Fund beispielsweise. Den einen interessieren an demselben viel andere Formen und Masse als den zweiten, jeder wird deshalb andere Figuren abzeichnen, andere Dimensionen messen. Ist aber das betreffende Object passend photographiert, so können für jeden die gewünschten Formen und Dimensionen nach den Principien der Bildmesskunst bestimmt werden. Bezüglich der Baudenkmäler ist dieser Gedanke in Preussen schon realisiert worden. Herr Baurath M e y d e u b a u e r sammelt Photographien von wichtigen Objecten der Baukunst für das photogrammetrische Institut in Berlin zu dem Zwecke, die Denkmäler auf diese Art der Nachwelt zu erhalten.

Bei Terrainaufnahmen wurde die Photogrammetrie schon frühzeitig mit Erfolg angewendet (L a u s s e d a t: Aufnahme von Paris, 1861) und hat sich neuerer Zeit unter schwierigen Verhältnissen bewährt (z. B. bei den Hochgebirgsaufnahmen von P a g a n i n i).

Gewiss hat die photographische Messkunst noch eine grosse Zukunft; möge dieses Buch, welches ich hiermit der Öffentlichkeit übergebe, dieselbe mit vorbereiten helfen!

P o l a, im Juli 1891.

Der Verfasser.

Inhalts-Verzeichnis.

IV. Abschnitt.

VII. Umgestaltung des gewöhnlichen photographischen Apparates
zu einem Messinstrumente.

II. Theil.

Geschichte der Bildmesskunst und die photogrammetrischen Apparate.

I. Abschnitt.

Geometrische Aufnahmen mit Benützung perspectivischer Bilder.

II. Abschnitt.

Die Photographie im Dienste der praktischen Messkunst.

III. Abschnitt.

Die gegenwärtige Blüteperiode der photographischen Messkunst.

a) Die Fortschritte der Photogrammetrie in Frankreich.

b) Der Aufschwung der Phototopographie in Italien.

c) Die Weiterausbildung der Photogrammetrie in Deutschland.

XI

IV. Abschnitt.
Instrumente zur Vereinfachung der photogrammetrischen Constructionen.

III. Theil.
Die Photogrammetrie für Vorgebildete.
I. Abschnitt.
Aufnahmen mit geneigter Bildebene.

II. Abschnitt.
Photogrammetrische Rechnungen.

III. Abschnitt.
Fehlerbestimmungen.

Einleitung.

I. Grundzüge der Perspective (centralen Projection).

§ 1. Definitionen. Wenn man irgend einen Gegenstand (ein Object) mit einem Auge betrachtet, das sich im Punkte O befindet, so empfängt dasselbe von allen sichtbaren Punkten des Gegenstandes Lichtstrahlen. Könnte man alle diese Strahlen durch eine Ebene E schneiden, die Schnittpunkte markieren und ihnen die Farbe der entsprechenden Originalpunkte geben, dann müsste in der Ebene E ein Bild entstehen, welches denselben Eindruck auf das Auge O machen würde wie der Gegenstand selbst. Die Wissenschaft, welche solche Bilder entwerfen lehrt, heisst Perspective. Vom theoretischen Standtpunkte aus betrachtet ist das perspectivische Bild eine centrale Projection für das Auge O als Centrum der Projection und die Bildebene E als Projectionsebene. Fig. 1.

Von einem Objecte erhält man für eine gegebene Bildebene E und einen fixen Gesichtspunkt O nur ein einziges perspectivisches Bild, denn jeder Objectpunkt P wird nur einmal in p abgebildet, das ist dort, wo der Seh- oder Projectionsstrahl OP die Bildebene E trifft. Man sagt, eine centrale Projection ist bestimmt, sobald der Gegenstand, die Projectionsebene und das Centrum gegeben sind.

Um die gegenseitige Lage der genannten drei Elemente festzustellen, geht man gewöhnlich wie folgt vor. Die Bildebene E wählt man fast immer vertical. Durch das Auge O legt man zunächst eine horizontale Ebene (Horizontebene genannt) und eine verticale Ebene so, dass sie auf der Bildebene senkrecht steht. Genannte zwei Ebenen liefern mit der Bildebene E zwei Schnittgerade: die Horizontlinie hh und die Hauptverticale rv. Ihr Schnittpunkt H ist zugleich Schnittpunkt der Bildebene E mit dem Hauptstrahle OH, welcher vom Auge senkrecht zur Bildebene gezogen wird; der Punkt H heisst Hauptpunkt (auch Augenpunkt), die Strecke OH zwischen dem Auge (Gesichtspunkte) O und dem Hauptpunkte H wird Distanz oder Bild-

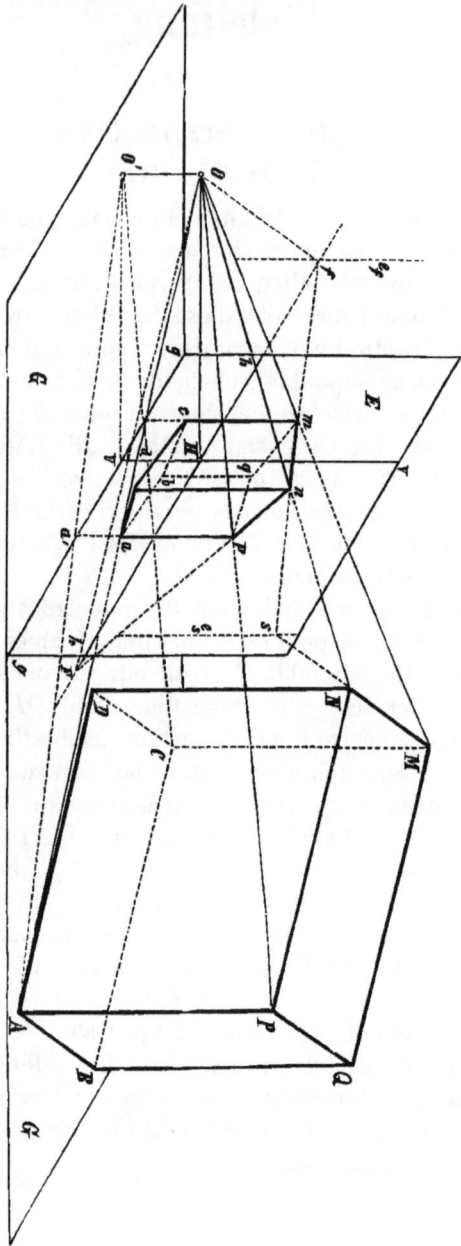

Fig. 1.

weite genannt. Das Object stellt man meist auf eine horizontale Grundebene G, welche die Projectionsebene E in der Grundlinie gg schneidet.

§ 2. Construction des perspectivischen Bildes.

Das perspectivische Bild eines Gegenstandes kann nach verschiedenen Methoden construiert werden; vorläufig sei nur von jenen die Rede, welche für die Photogrammetrie die wichtigsten sind. Denkt man sich vom Auge O eine Senkrechte OO' zur Grundebene G gefällt, so ist ihr Fusspunkt O' der Grundriss oder die orthogonale (senkrechte) Horizontalprojection des Gesichtspunktes O. Mit Benützung dieses Punktes O' wird ein Punkt A der Grundebene G in Perspective gesetzt, indem man sich O' mit A verbindet, den Schnittpunkt a' mit der Grundlinie gg markiert und hier eine Senkrechte auf gg errichtet, bis der Strahl OA in a getroffen wird. Irgend ein anderer Punkt P im Raume wird erst orthogonal auf die Grundebene nach P' projiciert, dann die Verbindungsgerade $O'P'$ mit gg in p' zum Schnitt gebracht und die Gerade $p'p$ senkrecht zu gg gezogen, bis sie dem Strahle OP in p begegnet. (In Fig. 1 fällt P' mit A und p' mit a' zusammen).

Bei einer geraden Linie MN könnte man wie vorher die perspectivischen Abbildungen m und n von zwei beliebig in der Geraden gewählten Punkten M und N construieren und diese verbinden, man benützt aber mit Vorliebe den Spurpunkt s der Geraden (das ist ihr Schnittpunkt mit der Bildebene E) und ihren Flucht- oder Verschwindungspunkt f (das ist jener Punkt, in welchem eine durch das Auge parallel zur betreffenden Geraden gezogene Linie die Bildebene E schneidet, also gleichsam die centrale Projektion des unendlichen Punktes der Geraden MN); die Verbindungsgerade sf ist dann das perspectivische Bild der in Rede stehenden Geraden MN.

Die Fluchtpunkte spielen in der Perspective eine grosse Rolle. Alle Geraden mit einerlei Richtungen haben denselben Fluchtpunkt. In Fig. 1 verschwinden die Abbildungen der parallelen Geraden AB, CD, PQ, MN (das sind die Linien ab, cd, pq und mn) in f, die Bilder von AD, BC, PN und QM (das sind ad, bc, pn und qm) in F. Die Fluchtpunkte von horizontalen Geraden liegen in der Horizontlinie hh (f und F in Fig. 1.); Gerade, welche zur Bildebene senkrecht stehen, haben ihren Verschwindungspunkt speciell im Hauptpunkte H (in Fig. 1 wäre dies bei den Geraden BD und QN der Fall). Nur Gerade, die zur Bildebene parallel sind haben keinen endlichen Fluchtpunkt; es müssen also alle verticalen Geraden (wie AP, BQ, CM und DN in Fig. 1) auch verticale Bilder haben (in

Fig. 1 sind es ap, bq, cm und dn) und folglich als Parallele erscheinen. Ebenso sind die Abbildungen von anderen zur Bildebene und unter sich parallelen Geraden untereinander und zu den Original-Geraden parallel (z. B. AC, MP, ac und mp der Fig. 1). Schneidende Gerade bilden sich im allgemeinen wieder als schneidende ab; eine Ausnahme tritt nur ein, wenn der Schnittpunkt der Originalgeraden jener Ebene angehört, welche durch das Auge parallel zur Bildebene E geht.

Bei der Darstellung einer Ebene e kann man in gleicher Weise die Spurlinie e_s (das ist die Schnittgerade der Ebene e mit der Bildebene E) und die Fluchtlinie e_f (das ist der Schnitt der Bildebene E mit einer durch das Auge O parallel zur Ebene e gelegten Ebene) benützen; die Geraden e_s und e_f sind stets zu einander parallel. In Fig. 1 ist e_s die Spur der Ebene $CDMN$, e_f die Fluchtlinie dieser Ebene.

Bei krummen Linien werden einzelne Punkte und Tangenten, bei Körpern die Eckpunkte, Kanten, oder Seitenflächen so, wie es im Vorhergehenden kurz entwickelt wurde, dargestellt. In Fig. 1 ist $abcdmnpq$ das perspectivische Bild (die centrale Projection) des Körpers $ABCDMNPQ$.

I. Abschnitt.

—

Die Photographie als perspectivisches Bild.

§ 3. Die Lochcamera. Um die Bedingungen kennen zu lernen, unter welchen eine Photographie als perspectivisches Bild betrachtet werden kann, gehen wir vom einfachsten photographischen Apparate, der Lochcamera aus. Dieselbe ist ein allseitig lichtdicht abgeschlossenes Kästchen — Fig. 2 —, das an der Vorderwand eine kleine Öffnung O hat und dessen rückwärtige Wand entfernt werden

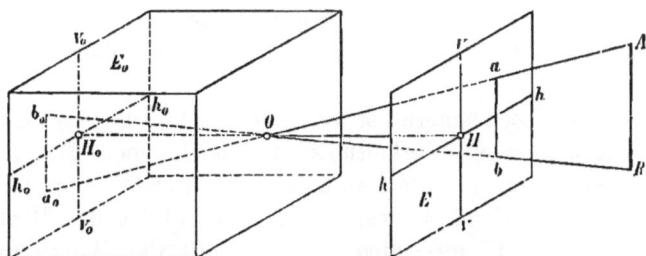

Fig. 2

kann; ihre Stelle wird dann durch eine matte Scheibe oder eine Cassette mit empfindlicher Einlage ersetzt.

Irgend ein Object AB sendet durch die Öffnung O Lichtstrahlen, welche auf der Hinterwand ein umgekehrtes Bild $a_0 b_0$ von AB erzeugen werden. Dieses Bild $a_0 b_0$ (ein Negativ) entsteht also geradeso, wie eine perspectivische Zeichnung, nur mit dem Unterschiede, dass die Bildebene E_0 nicht zwischen dem Centrum O und dem Gegenstande AB liegt, sondern um die Distanz OH_0 auf der entgegengesezten Seite vom Gesichtspunkte O sich befindet, das Bild somit umgekehrt erscheint. Denkt man sich aber die Ebene E, mit dem Negative $a_0 b_0$ so wie ein positives Bild aufgestellt, nämlich rechts und links, sowie oben und unten verwechselt und hält sie nun im Abstande $OH = OH_0$ vor das Centrum O in der Weise, dass der

Punkt II in die Gerade OII_0 zu liegen kommt, die Gerade $h_0\,h_0$ wieder horizontal und $V_0\,V_0$ vertical ist, so wird auch der Punkt a_0 im Strahle OA, der Punkt b_0 im Strahle OB sich befinden und somit das Bild eine wirkliche perspectivische Zeichnung des Objectes AB sein. Eine positive Copie ist also in der That eine Perspective des Originals. Selbstverständlich wird man auch das Negativ als Perspective betrachten können, wenn man von den Lichteindrücken absieht und es in entsprechender Lage vor das Auge hält. Die Dimensionen — und um diese handelt es sich bei der photographischen Messkunst vor allem — werden sogar einem Negative mit mehr Verlässlichkeit entnommen werden können als dem positiven Bilde, weil der Träger der positiven Copie meist Verzerrungen erleidet.

Bei einer Lochcamera ist es sehr leicht, die für eine Perspective massgebenden Verhältnisse zu bestimmen. Hat man das Kästchen horizontal gehalten, und war die Lichtöffnung im Mittelpunkte der Vorderwand, so werden die Mittellinien der Hinterwand Horizontlinie und Hauptverticale, ihr Schnitt der Hauptpunkt, der Abstand der beiden Wände Distanz der Perspective sein. In Anbetracht der Einfachheit des Verfahrens und der Billigkeit des Apparates dürfte es sich empfehlen, bei minder wichtigen photogrammetrischen Aufnahmen der Lochcamera sich zu bedienen; dies umsomehr, als auch neuerer Zeit wiederholt gewöhnliche photographische Aufnahmen mit der Lochcamera gemacht wurden, die befriedigende Resultate ergaben.*)

Wer aber einen lichtstarken Apparat und scharfe Bilder haben will, wird wohl zu einer Camera mit einem Objective greifen müssen. Auch mit guten Objectiven, mögen sie nun welcher Construction immer sein, erhält man Photographien, welche als perspectivische Bilder betrachtet werden können.

§ 4. Objective. Da anzunehmen ist, dass jeder, der sich mit Photographie beschäftigt, die verschiedenen Arten von Linsen kennt, und über die Combinationen derselben zu verschiedenartigen Objectiven, welche bei nöthiger Lichtstärke doch frei von sphärischer und chromatischer Abberation, von Focusdifferenz und Astigmatismus sind, unterrichtet ist, und weil heutzutage viele Optiker bestrebt sind, nur gute Objective zu liefern: so soll hier bloss von jenen

---

*) Siehe: R. Colson: La photographie sans objectif Paris. Gauthier-Villars et fils 1887. A. Miethe: Phot. Mittheilungen. Jahrg. 24. Die Photographische Rundschau (1890) bringt Reproductionen von Bildern, welche auf der Pariser Weltausstellung zu sehen waren.

geometrischen Eigenschaften der Objective die Rede sein, welche für die Photogrammetrie von grösserer Bedeutung sind. Dass man stets tadellose Objective benützen wird, ist selbstverständlich; verschmäht werden ja fehlerhafte schon bei gewöhnlichen photographischen Arbeiten. Die grösseren Werke über Photographie enthalten deshalb auch Abschnitte, welche von der Prüfung der Objective handeln; es ist also hier in dieser Hinsicht eine Auseinandersetzung ebenfalls überflüssig.

Bei elementaren Untersuchungen setzt man gewöhnlich die Linsen als unendlich dünn voraus und macht die Annahme, dass die durch den sogenannten optischen Mittelpunkt gehenden Strahlen nicht abgelenkt werden. Ältere Schriftsteller kannten keine bessere Darstellung. Erst C. F. Gauss hat in seinen berühmten dioptrischen Untersuchung (Göttingen 1841) darauf hin-

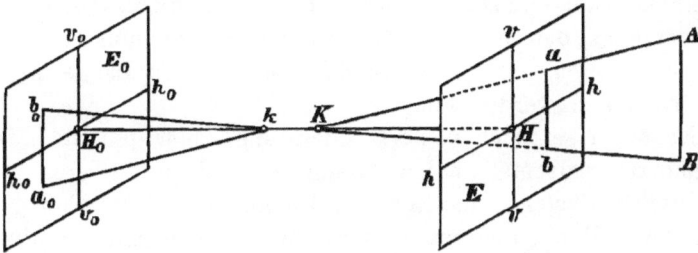

Fig. 3.

gewiesen, dass jener Punkt nicht einmal bei einer Linse mit endlicher Dicke, noch weniger aber bei Linsencombinationen eine besondere Auszeichnung verdient. C. F. Gauss verdanken wir die Einführung der Hauptebenen und Hauptpunkte der dioptrischen Systeme. Später (1845) hat Listing die Knotenpunkte aufgefunden, welche folgende bemerkenswerte Eigenschaften haben.

Es giebt zwei Knotenpunkte (K und k in Fig. 3); sie liegen auf der optischen Achse des centrierten Systems. Die Verbindungsgeraden des ersten Knotenpunktes K mit den leuchtenden Punkten sind parallel zu den Verbindungsgeraden des zweiten Knotenpunktes k mit den entsprechenden Bildpunkten, oder einem nach K gerichteten Eintrittsstrahle entspricht ein von k kommender Austrittsstrahl.

Hieraus folgt unmittelbar, dass das von einem optischen Systeme (Objective) erzeugte Bild (Negativ) als eine centrale Projection (perspectivisches Bild) betrachtet werden kann, dessen Centrum (Gesichtspunkt) im zweiten Knotenpunkte k liegt. Da man gewöhnlich die optische Achse horizontal und die Bildebene E_0 vertical wählt, wird also im Schnitt der optischen Achse mit der Bildebene der Hauptpunkt H_0 liegen und kH_0 als Distanz (Bildweite) anzunehmen sein. In das von einem Objecte herkommende Lichtstrahlenbündel wird demnach ein Negativ erst passen, wenn man nebst der früher erwähnten Umkehrung noch eine Verrückung um die Strecke kK vornimmt, so wie es in Fig. 3 mit der Ebene E_0' geschehen ist, welche in die Lage der Ebene E gebracht wurde.

In den meisten Fällen wird der Abstand der beiden Knotenpunkte sehr gering sein — k und K können sogar zusammenfallen — und da man ferner bei photogrammetrischen Aufnahmen die Zeichnung doch in einem verjüngten Massstabe entwirft, der Abstand kK somit noch im Verhältnisse des Planes (Karte) zu verkürzen ist, so kann man wohl bei praktischen Arbeiten die Verschiebung nach dem ersten Knotenpunkte unberücksichtigt lassen; als Distanz muss man aber stets den Abstand des zweiten Knotenpunktes von der Bildfläche wählen, weil diese in ihrer natürlichen Länge in Rechnung genommen werden muss.

Nebenbei sei noch bemerkt, dass die Knotenpunkte mit den Hauptpunkten zusammenfallen, wenn die beiden äusseren Medien des optischen Systems identisch (Luft) sind, was bei der Photographie immer der Fall ist; ausgenützt wird aber doch eigentlich nur eine Eigenschaft, die den Knotenpunkten zukommt.

II. Die Grundlagen der photographischen Messkunst.

§ 5. **Bedingungen, unter welchen ein Object aus perspectivischen Bildern reconstruiert werden kann.** Im § 1 wurde gezeigt, dass ein perspectivisches Bild vollständig bestimmt ist, wenn der Gegenstand, die Bildebene und das Auge fixiert sind. Eine Umkehrung dieses Satzes ist nicht zulässig. Wenn der Gesichtspunkt und die in einer Ebene liegende centrale Abbildung eines Objectes bekannt sind, so lassen sich wohl alle Projections- oder Sehstrahlen angeben, die zu den einzelnen dargestellten Punkten des Originals gehen, das Object selbst aber ist noch nicht bestimmt; es lassen sich vielmehr unendlich viele Objecte construieren, welche für dasselbe Auge auch ein und dasselbe Bild haben. In Fig. 1 z. B. wären durch die Annahme des Punktes O und des Bildes $abcdmnpq$ in der Ebene E nur die Strahlen Oa, Ob.. Oq bestimmt, der Gegenstand noch nicht; jedes Object, welches in das Strahlenbündel $Oabc$ .... q sich hineinlegen liesse, könnte als Original angenommen werden. Aus einer Photographie allein lässt sich also im allgemeinen das abgebildete Object nicht ableiten.

Hätte man aber einen Gegenstand, z. B. das Dreieck ABC in Fig. 4 von zwei verschiedenen Punkten O_1 und O_2 aus in $a_1 b_1 c_1$ und $a_2 b_2 c_2$ perspectivisch abgebildet, und würde man nun diese Bilder in dieselbe gegenseitige Lage bringen, welche sie bei der Aufnahme hatten, so liesse sich das Object aus ihnen wieder herstellen. Die Strahlen $O_1 a_1$ und $O_2 a_2$ müssten sich nämlich in A_1, $O_1 b_1$ und $O_2 b_2$ in B_1, $O_1 c_1$ und $O_2 c_2$ in C treffen. Das Dreieck ABC würde sich also nicht nur in seiner natürlichen Gestalt und Grösse, sondern auch in derselben Lage zu den Punkten O_1 und O_2 ergeben,

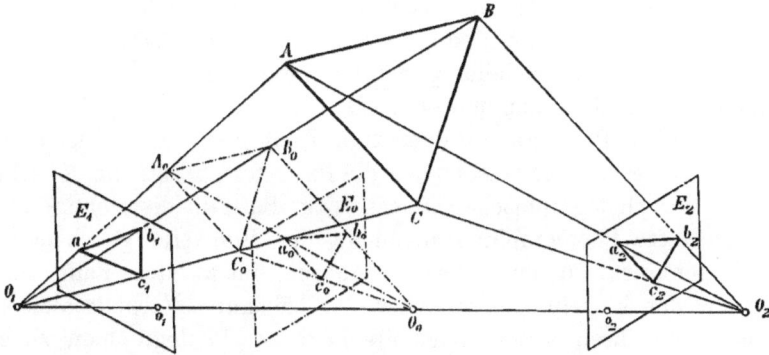

Fig. 4.

welche es zur Zeit der Abbildung hatte. Da wir gezeigt haben, dass Photographieen perspectivische Bilder sind, so können wir sagen: Aus zwei Photographieen desselben Objectes lässt sich dessen Gestalt, Grösse und Lage ableiten.

Die Fig. 4 zeigt auch noch weiters, dass eine Verschiebung des Bildes (der Photographie) E_2 nach E_0 nur eine gleichmässige Verkleinerung des Objectes und der Abstände von den beiden Gesichtspunkten O_1 und O_2 zur Folge hat, wenn 1. O_2 auf der Geraden $O_1 O_2$ nach O_0 verschoben wird, 2. das Bild in derselben Stellung bleibt oder die Ebene E_0 zur Ebene E parallel ist und 3. das Bild den gleichen Abstand vom Centrum erhält oder die Distanz der zweiten Photographie keine Aenderung erleidet. Man kann sonach den Gegenstand in einem beliebigen verjüngten Massstabe darstellen, indem man irgend eine der vorkommenden Strecken, am besten die Entfernung $O_1 O_2$ (Länge der Basis) in dem verlangten Verhältnisse verkleinert annimmt und im übrigen ebenso construiert, wie man es bei natürlicher Lage und Grösse machen würde. Man muss aber stets darauf achten, dass die Bilder in ihrer wirklichen perspectivischen Distanz und der richtigen Lage zu den Augpunkten aufgestellt, man sagt „orientiert" werden. Die Orientierung der Photographien ist das schwierigste Problem der photographischen Messkunst; ist diese gelungen, so steht man nur noch vor der Aufgabe, den Schnitt von je zwei entsprechenden Strahlen zu bestimmen.

§ 6. **Die photogrammetrischen Methoden im allgemeinen.** Nach dem Vorhergehenden hat man bei der photographischen Messkunst vornehmlich folgende zwei Hauptaufgaben durchzuführen: 1. Die Photographie zu orientieren, 2. Die Schnittpunkte je zweier entsprechender Strahlen zu suchen.

Orientierte Bilder sind gewonnen, wenn Standpunkt, Photographien und Object die richtige gegenseitige Lage haben. Um das zu erreichen, bieten sich hauptsächlich zwei Wege dar. Entweder kann man von den Standpunkten (der Basis $O_1 \, O_2$) ausgehen, oder man muss die Photographie dem zum Theil gegebenen Objecte anpassen. Im ersten Falle legt man die Basis fest, bringt die optischen Achsen der photographischen Objective zur Basis in die richtige Lage und stellt die Photographien in einem der Bildweite gleichem Abstande senkrecht zu den optischen Achsen, im zweiten Falle sucht man aus den Beziehungen zwischen den bekannten Verhältnissen am Objecte und ihren Abbildungen die Lage der Photographien zu ermitteln. Ein alle Beispiele umfassender Vorgang für die Orientierung lässt sich hier noch nicht entwickeln und wird deshalb in den einzelnen Fällen darüber gesprochen werden.

Die Bestimmung des Schnittes zweier Geraden ist ein so elementares Problem, dass die Lösung als bekannt vorauszusetzen ist; sie wird nur durch die Wahl der Darstellungs-Methoden bedingt sein.

Man hat nämlich bei beiden vorerwähnten Aufgaben eigentlich im Raume zu operieren. Nachdem man dies nie thut, wird eines der bekannten Aushilfsmittel angewendet werden müssen. Man arbeitet also entweder in zwei Projectionen (Grundriss und Aufriss) oder begnügt sich mit einer Projection (Grundriss) und nimmt statt der zweiten Projection die Höhenzahlen (Coten) zuhilfe, oder man führt schliesslich nach vorgenommenen Messungen alle Operationen auf dem Wege der Rechnung durch. Welche Methode vorzuziehen ist, scheint mehr individuell zu sein; der Operateur wird sich wahrscheinlich jene wählen, in welcher er am besten ausgebildet ist und am gewandtesten arbeitet. Da die constructiven Methoden unstreitig anschaulicher sind und weniger Vorstudien verlangen als die Rech-

nungs-Methoden; auch dem Photographen, der doch immer mit Raum-
gebilden und deren Zeichnungen zu thun hat, mehr zusagen werden
als die ferner stehende Rechnung; überdies das Endresultat einer
geometrischen Aufnahme zumeist doch wieder eine Zeichnung ist: so
wurde im nachfolgenden (wenigstens im ersten Theile) die Construction
bevorzugt.

Gewöhnlich werden die darzustelleuden Gebilde nur im Grundrisse gezeichnet, das heisst auf eine horizontale Ebene projiciert (wie
es z. B. die Grundebene G in Fig. 1 ist) und ihre Lage im Raume
dadurch näher bestimmt, dass die Höhen einzelner Punkte über
dieser Ebene angegeben werden. Es leuchtet sofort ein, warum bei
einer solchen Annahme die Vertialstellung der Photographie grosse
Vortheile bringt; wie Fig. 1 zu entnehmen ist, erscheint nämlich in
solcher Lage das ganze perspectivische Bild (die ganze Photographie)
als eine Gerade (die Grundlinie gg in Fig. 1), ferner bildet sich die
Bildweite in natürlicher Grösse und zwar als Senkrechte zum Grundrisse der Photographie ab.

Nach diesen allgemeinen Angaben gehen wir nun daran, einzelne
specielle Aufgaben der photographischen Messkunst durchzuführen.

III. Geometrische Aufnahmen, welche mit Benützung einer Photographie durchgeführt werden können.

§ 7. Aufnahmen ebener Objecte in paralleler
Lage zur Bildebene. Wie erwähnt, muss man im allgemeinen
zwei Abbildungen eines Objectes gegeben haben, wenn man aus ihnen
die Grössen- und Lagenverhältnisse des Gegenstandes bestimmen
will. Nur unter gewissen Voraussetzungen kann man schon mit Benützung einer einzigen Photographie Ortsbestimmungen vornehmen.
Da solche die einfachsten photogrammetrischen Aufnahmen sind,
sollten sie an erster Stelle zur Besprechung kommen.

Der nächstliegende Fall dieser Art ist wohl der, bei welchem
es sich um ein ebenes Object handelt. Ist man imstande, von einer
ebenen Figur eine photographische Aufnahme auf eine Ebene zu
machen, welche zu der Ebene des Objectes parallel ist, dann hat
man schon ein Bild, welches in allen seinen Theilen dem Originale
ähnlich ist; denn es wird hier, wie Fig. 1 zeigt, das vom Gesichtspunkte ausgehende Strahlenbündel durch zwei parallele Ebenen (die
des Originals und der Bildebene) geschnitten und da müssen bekanntlich die beiden Schnittfiguren ähnlich sein. Alle Theile der

erhaltenen Photographie werden deshalb gleichmässig verkleinert sein und man wird aus dem Verhältnisse der Grösse irgend einer abgebildeten Strecke zu ihrer wirklichen Länge die Verjüngung des ganzen Objectes bestimmen können. Nach einer Richtung hin ist diese Thatsache schon vielfach ausgenützt worden, nämlich bei photographischen Verkleinerungen und Vergrösserungen. Dabei hat man sich schon so vielfach überzeugt, wie richtig ein Objectiv den Gegenstand in Perspective setzt, dass man glauben sollte, der Satz: „Die mit einem guten Objective aufgenommene Photographie ist eine hinlänglich genaue perspectivische Zeichnung" könne gar nicht mehr angezweifelt werden. Ist aber diese Thatsache anerkannt, dann kann man auch der photographischen Messkunst die Berechtigung nicht absprechen, weil genannter Satz die einzige Grundlage desselben bildet, welche allenfalls einem Nichtfachmann bedenklich erscheinen könnte.*)

Von den photographischen Verkleinerungen ist nur ein kurzer Schritt zu einigen Anwendungen der Photographie in der Messkunst. So wäre es z. B. reine Zeitverschwendung, wollte man den Plan einer Meeresküste, eines Sees u. a. m. mit geometrischen Hilfsmitteln aufnehmen, wenn man dieselben von einem erhöhten Standpunkte aus mit horizontaler empfindlicher Platte photographieren könnte; denn die Photographie wäre schon der fertige Plan und zwar für einen Massstab, der sich durch das Verhältnis der Einstellungsweite zur Standhöhe oder durch das Verhältnis irgend einer abgebildeten Strecke zu deren natürlichen Grösse bestimmt.

In Anbetracht dieses Umstandes wird man sich sogar fragen müssen: Wäre es nicht angezeigt, dort, wo kein günstiger, erhöhter Standpunkt gegeben ist, künstlich einen zu schaffen? Bei Küstenvermessungen würde man dann wohl zunächst daran denken, vom Mast eines Schiffes aus zu photographieren. Die Bewegung des Schiffes kann keinen Eintrag thun, da sich ja Momentaufnahmen machen lassen; die bleibende Horizontierung der Platte liesse sich auch bewerkstelligen; nur ein Bedenken ist nicht zu umgehen: die geringe Höhe, welche zur Folge hat, dass jedesmal nur ein kleiner Abschnitt dargestellt werden kann. Beispielsweise würde man aus einer Höhe von 50 m auf eine Platte von 400 cm² bei 10 cm Einstellungsweite nur 10 000 m² im Massstabe $10:5000 = 1:500$ abbilden können, wenn das Objectiv noch bis zu einem Bildwinkel

---

*) Ueber die Fehler bei photogrammetrischen Aufnahmen, deren Quellen und Einfluss wird in einem Capitel des 2. Theiles gesprochen werden.

von 90° richtig zeichnet. Der Massstab ist wohl günstig, die abgebildete Fläche aber ist zu klein. Es wären deshalb Luftballon-Aufnahmen in Betracht zu ziehen. Wird es gelingen, gute Luftballon-Aufnahmen zu machen — und neuere Proben zeigen, dass man hiervon nicht mehr weit entfernt ist*) — dann kommt die Photogrammetrie unstreitig zu hohen Ehren; keine andere Aufnahmemethode wird so einfach und rasch so sichere und genaue Resultate geben können. Und zwar gilt dies nicht allein für die Aufnahme von Küstenlinien und horizontalen Terrainabschnitten, sondern auch für die eines beliebigen anderen Terrains. Für erstere wird sie unübertrefflich bleiben. da wie erwähnt die Photographie schon zugleich der Plan (die Karte) ist, für letztere dürfte auch kaum etwas Einfacheres ersonnen werden können, wie aus einem späteren Abschnitte hervorgehen wird.

Ein weiteres Beispiel dieser Art bietet die Aufnahme einer Façade. Hier kommen gewöhnlich viele Figuren vor, welche in derselben verticalen Ebene liegen und wird deshalb die Photographie auf einer parallelen verticalen Ebene ein den Figuren ähnliches Bild sein. Bei einer solchen Aufnahme wird man sonach nur darauf zu achten haben, dass die Platte im Momente des Photographierens zur betreffenden Ebene parallel ist. Um dies zu erreichen, gibt es ganz einfache Mittel. Man stelle nämlich den Apparat vorerst so auf, dass die matte Scheibe vertical ist. Es ist dies nach § 2 der Fall, wenn alle Verticalen des Objectes parallel erscheinen, und zwar wieder vertical sind. Dann braucht man die Camera nur noch so lange zu drehen, bis auch die am Objecte vorkommenden horizontalen Geraden als unter einander Parallele abgebildet werden. Sobald genannte zwei Bedingungen erfüllt sind, muss die matte Scheibe zu der Ebene parallel sein, in welcher jene verticalen und horizontalen Geraden liegen und wird deshalb auch die eingeführte Platte die verlangte Stellung haben. Die erhaltene Photographie ist eine Ansicht der Façade; ihr Massstab ist angebbar, sobald eine Strecke gemessen ist.

§ 8. **Bestimmung der Horizontlinie, des Hauptpunktes und der Distanz aus der Photographie.** 1. Die in § 7 vorgeführten Beispiele übertreffen alle übrigen ausser den erwähnten Gründen auch noch deshalb an Einfachheit, weil bei ihnen

---

*) So soll unter anderen Lieut. Freih. v. Haagen der deutschen Luftschiffertruppe recht gelungene Aufnahmen aus einer Höhe von 1050 m gemacht haben.

nicht einmal die Bestimmungselemente der Perspective bekannt zu sein brauchen; man muss diese kennen, wenn das ebene Object keine parallele Lage zur Bildebene hat. Massverhältnisse lassen sich also nur dann noch aus einer Photographie ableiten, wenn die Gestalt des abgebildeten Objectes so viel Anhaltspunkte bietet, dass die Perspective als eine bestimmte angesehen werden kann, oder wenn eine so grosse Anzahl von Dimensionen (Punkte in ihrer gegenseitigen Lage) gegeben sind, dass man daraus die Constanten der Perspective ermitteln kann. Da Bauwerke gesetzmässig gestaltete (geometrische) Körper sind, wird man bei Architectur-Objecten oft imstande sein, aus einer gegebenen Photographie solcher Gegenstände die zur Rückwärts-Construction der Perspective nothwendigen Elemente bestimmen zu können, ohne Messungen vornehmen zu müssen; bei Terrainaufnahmen dagegen wird man, wenn nicht schon genügend Anhaltspunkte gegeben sind, eine Anzahl von horizontalen und verticalen Strecken messen müssen, ehe die Bestimmung der Horizontlinie, des Hauptpunktes und der Distanz möglich sein wird. Am bequemsten wird wohl jede photogrammetrische Aufnahme, wenn man Apparate benützt, an welchem jene drei Elemente jederzeit sich angeben lassen. Doch hiervon später.

2. Die Ermittlung der Horizontlinie, des Hauptpunktes und der Distanz wird sich zwar immer nach den speciellen Angaben richten müssen, welche über das jeweilig abgebildete Object vorliegen, doch gibt es auch gewisse Regeln von allgemeiner Anwendbarkeit. Bei Bauobjecten wird man zunächst ausnützen können, dass die an demselben vorkommenden verticalen Geraden wieder verticale Bilder haben (wir setzen nämlich eine Photographie voraus, die mit verticaler Platte aufgenommen wurde); man kennt somit schon die Richtung der Horizontlinie: sie muss auf jenen verticalen Geraden senkrecht stehen. Es finden sich aber auch oft einzelne Punkte, welche der Horizontlinie angehören müssen. Kommen nämlich am Objecte parallele horizontale Gerade vor (Gesimskanten, obere und untere Fensterlinie etc.), so werden sich diese alle in ein und demselben Punkte schneiden, und der muss in der Horizontlinie liegen. In Fig. 5 sind F und F_1 solche Punkte. Fände man, dass die parallelen Horizontalen auf der Seitenfläche eines Objectes auch im Bilde parallel laufen, (wie ab und cd in Fig. 5) so wäre dies ein untrügliches Zeichen, dass die photographische Platte zu jener Seitenfläche parallel war; die Horizontalen einer zu ihr senkrechten Seitenfläche ständen deshalb auch auf der Bildebene senkrecht und müssten nach § 2 zum Hauptpunkte gerichtet sein; in Fig. 5 sind bx und cy solche Linien.

Ist der Hauptpunkt H gefunden, dann lässt sich die Bildweite betimmen, wenn man den Winkel kennt, den die beiden nach F und F_1 gerichteten Horizontalen bilden. Ist dieser ein Rechter, so braucht man nur über FF_1 als Durchmesser einen Halbkreis zu zeichnen und von H eine Senkrechte zur Horizontlinie zu ziehen, bis sie den Kreis in O_0 schneidet; HO_0 ist die Distanz. Ist der in Rede stehende Winkel kein Rechter, wie in Fig. 5 der Winkel zwischen der Rechtecksseite pqF und der Diagonale pr (welche beziehungsweise in F und f verschwinden) dann muss man einen Kreis zeichnen, für den die Peripheriewinkel über Ff dem genannten Winkel gleich sind. Der Mittelpunkt M dieses Kreises liegt einerseits in der Symmetrale

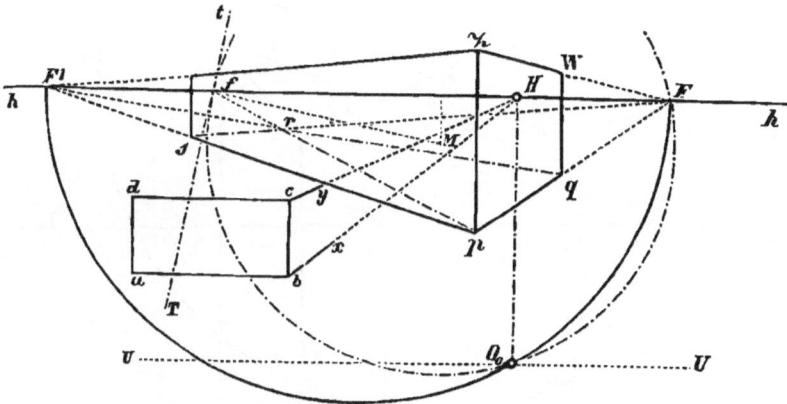

Fig. 5.

von Ff, andererseits in der Geraden, welche durch f geht und auf der Linie Tt senkrecht steht, die durch f unter jenem Winkel zu Ff gelegt wurde. Die Grösse des Winkels qpr braucht nicht mit einem eigenen Instrumente gesucht zu werden, sondern ergibt sich leicht constructiv, indem man die Längen von rq und pq misst und nun ein rechtwinkeliges Dreieck zeichnet, dessen Katheten den verjüngten Längen von pq und rq gleich sind. Wenn $spqr$ ein Quadrat wäre, dann müsste bekanntlich jener Winkel 45° haben. In diesem Falle würde man aber lieber die Verschwindungspunkte f und f_1 von den beiden Diagonalen suchen und über ff_1 wieder einen Halbkreis zeichnen. Der würde durch O_0 gehen, weil die Diagonalen des Quadrates auf einander senkrecht stehen. Uebrigens kommen bei Bauobjecten meist mehrere horizontale Rechte Winkel vor, es ergibt sich also leicht noch ein anderer zweiter Halbkreis, der durch O_0 geht, so dass O_0 als Schnitt von zwei Halbkreisen, die Bildweite als Senkrechte O_0H zur Horizontlinie, der Hauptpunkt H als Fusspunkt dieser Senkrechten erhalten wird.

Auch schief liegende Rechte Winkel finden sich öfter; ein Pultdach oder die beiden Seiten eines Satteldaches enthalten z. B. solche. Bei diesen kommen folgende Beziehungen zur Geltung. Die Schenkel des Winkels verschwinden in zwei Punkten F und f einer schiefen Geraden. Trifft die Senkrechte aus dem Hauptpunkte H zur Fluchtlinie Ff letztere im Punkte s und den über Ff beschriebenen Halbkreis in dem Punkte (O), so hat das bei H rechtwinkelige Dreieck

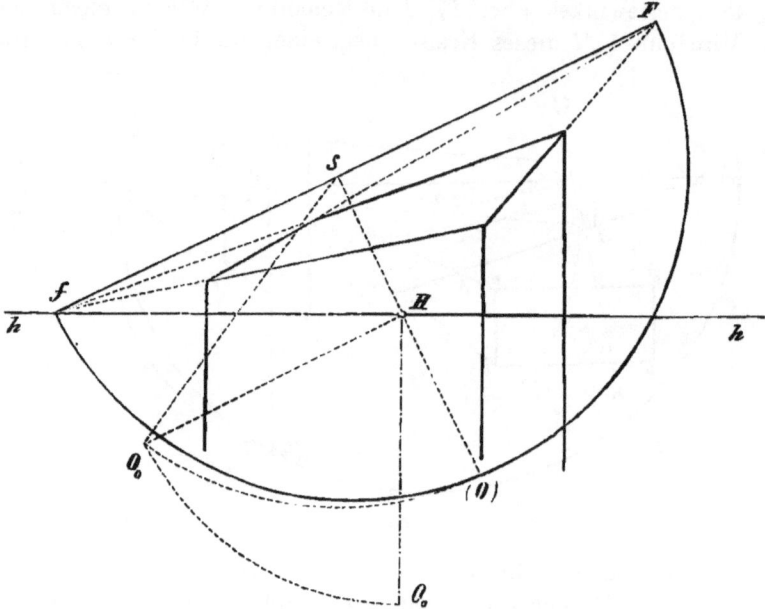

Fig. 6.

sHO_0 mit einer der Strecke $s(O)$ gleichen Hypotenuse sO_0 als zweite Kathete die Bildweite O_0H. Fig. 6.

Bei bekannter Bildweite d genügt zur Bestimmung der perspectivischen Verhältnisse ein Winkel, beispielsweise der Rechte Winkel spq in Fig. 5. Der umgelegte Augpunkt O_0 ist hier Schnittpunkt von dem über FF_1 gezeichneten Halbkreise mit der Geraden uU, welche zur Horizontlinie im Abstande d parallel geht, der Hauptpunkt liegt in der Senkrechten von O_0 zur Horizontlinie. Eigentlich würden sich zwei Punkte O ergeben, ein Blick auf die Photographie wird aber schon erkennen lassen, welches der richtige ist.

3. Bei Terrainaufnahmen kann man zwar nicht die Gestalt der Objecte zur Grundlage nehmen, dafür bieten aber horizontale Ab-

stände und Höhen viel Gelegenheiten zur Ermittlung der Horizontlinie, des Hauptpunktes und der Distanz. Nehmen wir z. B. an,
es wären vier Punkte *A*, *B*, *C*, *D* im Terrain bekannt. Stellt man
sich mit dem photographischen Apparate in *A* auf und macht
eine Photographie, welche die Abbildungen *b*, *c*, *d* von den
Punkten *B*, *C*, *D* enthält — Fig. 7 — so kann man von derselben alles bestimmen. Man braucht nur noch eine horizontale
Gerade *G*. Dieselbe kann aber nicht einfach als Parallele zum Photog-
raphierande eingezeichnet werden, sondern muss sich verlässlicheren
Daten anpassen, z. B. senkrecht stehen auf den Bildern von verticalen Geraden. Sollten sich keine Objecte mit verticalen Linien im

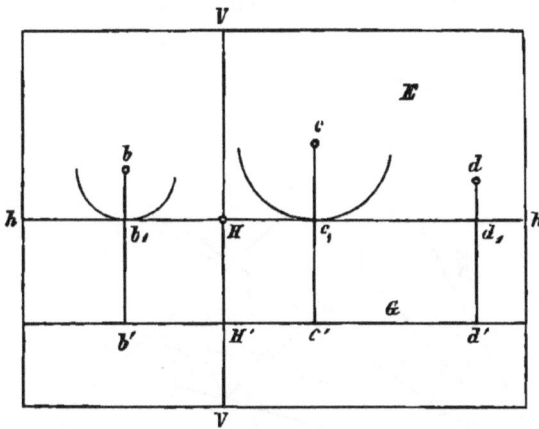

Fig. 7.

aufzunehmenden Terrain vorfinden, dann ist es rathsam, vor dem
Photographieren eine Verticale zu markieren, indem man eine Stange
vertical aufstellt oder irgendwo ein erkennbares Loth anbringt. Man
kann sich auch so helfen, dass man ein kleines Senkblei innerhalb
der Camera aufhängt. Dasselbe wird einen verticalen Streifen der
empfindlichen Platte vor Licht schützen. Schliesslich bleibt auch
noch folgender Ausweg. Man stelle sich im Standpunkt auf und
halte ein Loth mit schwachem Faden vor sich. Der Faden wird
mit Objecten im Terrain in Deckung sein, welche auf der Photographie in einer verticalen Geraden liegen müssen. Notiert man sich solche
Objecte, so weiss man auch die Verticalrichtung auf der Photographie
anzugeben; zu ihr senkrecht geht nun die oben erwähnte horizontale
Gerade *G*.

Fällt man von den Punkten *b*, *c*, *d* Senkrechte zur Geraden *G*,
so haben die Fusspunkte *b'*, *c'*, *d'* dieselben Abstandsverhält-

nisse wie die Horizontalprojectionen von b, c und d. Hat man also
in A, B, C, D die Grundrisse der bekannten vier Punkte und zieht
von A Strahlen nach B, C und D, so werden die Punkte b', c', d' die
richtige Lage haben, wenn sie einer Geraden gg angehören und b' in
AB, c' in AC, d' in AD liegt. (Siehe Fig. 1.) Diese Lage der Geraden gg
kann mechanisch gefunden werden, indem man sich die Punkte b', c', d'
auf einem Papierstreifen markiert und denselben auf der Zeichnung
solange verschiebt, bis b' in AB, c' in AC und zugleich d' in AD
liegt.

Verlässlicher und genauer ist folgende Construction.*) Fig. 8.
Durch irgend einen Punkt b_1' der Geraden AB zieht man eine
Parallele zum Strahle AD und macht $b_1' c_1' = b' c'$, $c_1' d_1' = c' d'$;
durch die Punkte c_1' und d_1' zeichnet man Parallele zu AB bis AC

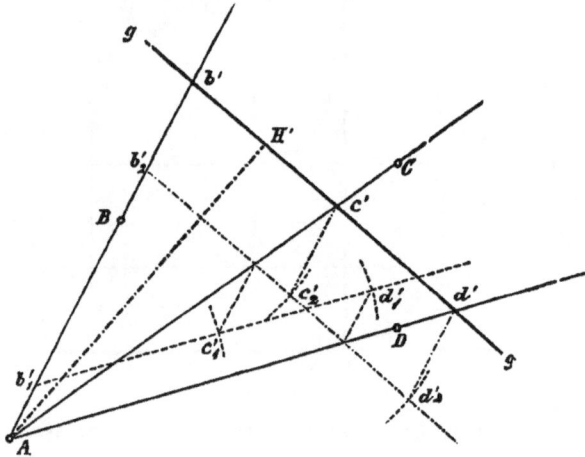

Fig. 8.

und AD; die Verbindungsgerade der letzten zwei Schnittpunkte hat
die Richtung der gesuchten Geraden gg. Trägt man nun auf jener
Verbindungsgeraden von b_2' in AB wieder $b' c'$ bis c_2' und von da
$c' d'$ bis d_2' auf und zieht abermals Parallele zu AB durch c_2' und
d_2', so treffen letztere AC und AD in den Punkten c' und d', womit
gg gefunden ist.

Der senkrechte Abstand des Punktes A von der Geraden gg
ist die Bildweite und ihr Fusspunkt H' ist Grundriss des Hauptpunktes H. Wird H' in entsprechender Lage auf die Gerade G der

---

*) Dieselbe wird in dem Werke „Die Photographie im Dienste des In-
genieurs von Prof. Steiner" dem Prof. Heller zugeschrieben; sie wurde aber vom
Verf. bereits im Jahre 1887 in den „Mittheilungen aus dem Gebiete des Seewesens. Pola" veröffentlicht. Prof. Heller nennt auch thatsächlich diese Quelle.

Photographie übertragen, so muss durch diesen die Hauptverticale vv als Senkrechte zu G gehen.

Sind die Höhen der einzelnen Punkte bekannt, dann ergibt sich auch noch die Horizontlinie hh. Liegt z. B. B um $BB_1 = 25$ m höher als A — Fig. 9 — und in einem Horizontalabstande $AB_1 = 800$ m, ist ferner in der Zeichnung $A'b' = 32$ cm gefunden worden, so muss wegen $BB_1 : AB_1 = bb_1 : Ab_1$ oder $25 : 800 = bb_1 : 0.32$ die Strecke $bb_1 = 0.01$ m $= 1$ cm sein, also die Horizontlinie auf der Photographie 1 cm unter b liegen. Ist allgemein $A'b'$ der $u$te Theil von $A'B'$ so ist bb_1 der u te Theil von BB_1. Eine gleiche Rechnung für den zweiten Punkt durchgeführt, liefert eine Controle

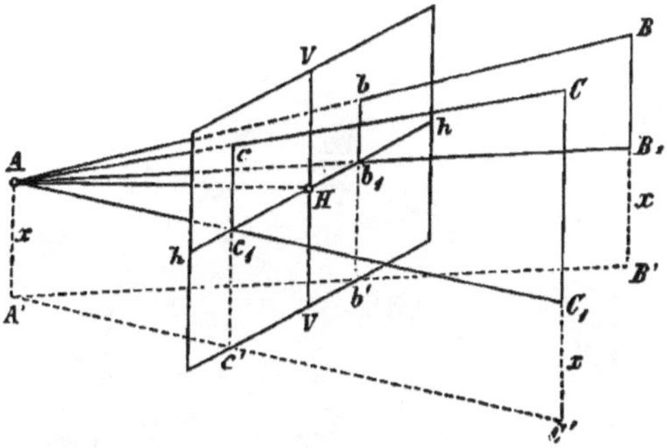

Fig. 9.

und zwar wird auf diese Weise nicht nur die Höhe der Horizontlinie controliert, sondern auch die Genauigkeit der verticalen Richtung. Denn hätte man z. B. für den Punkt C in Fig. 9 noch gefunden, dass $cc' = 1\frac{1}{2}$ cm sein soll, so müsste die Horizontlinie die gemeinschaftliche Tangente an jene zwei Kreise sein, welche aus b und c beziehungsweise mit 1 cm und $1\frac{1}{2}$ cm beschrieben wurden. Constructiv erhält man bb_1 einfacher; es werden Ab_1 und bb_1 in das Dreieck AB_1B eingezeichnet. Aehnlich ergibt sich cc_1.

4. Der im Vorhergehenden entwickelte Vorgang lässt an Einfachheit nichts zu wünschen übrig, er ist aber leider nur anwendbar, wenn die Lage des Aufstellungspunktes gegeben ist. Ist das nicht der Fall, dann werden die Methoden erheblich schwieriger. Schon die Voraussetzungen sind weitgehender; es müssen nämlich auf der Photographie fünf Punkte ersichtlich sein, deren gegenseitige Lage im Terrain bekannt ist, wenn Horizontlinie Hauptpunkt und Bildweite der Photographie bestimmt sein sollen. Es geschieht dies nach Prof. F. Steiner, der genannte Aufgabe

unter dem Schlagworte „Problem der fünf Punkte" publiciert hat, auf folgende Weise.*)

Sind in Fig. 10 A, B, C, D, E die auf dem Plane gegebenen fünf Punkte, a, b, c, d, e deren Bilder auf einer Photographie, so projiciiert man wie vorher die letztgenannten Punkte auf eine horizontale Gerade G und bringt diese in eine solche Lage g_1 g_1, dass b in AB, c in AC und d in AD zu liegen kommen. Dabei nimmt a eine ganz bestimmte Stelle a_1 ein. Wird nun A mit a_1 verbunden,

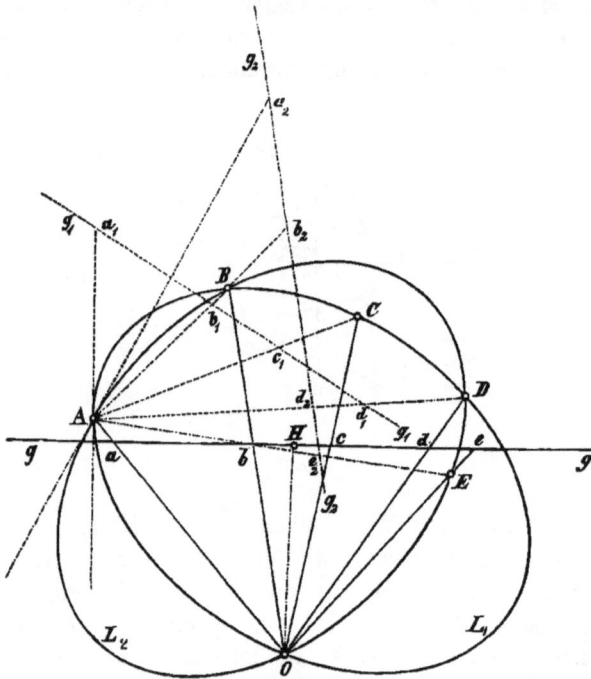

Fig. 10.

so muss der Standpunkt O auf der Kegelschnittslinie L_1 liegen, welche durch die Punkte B, C, D geht und die Gerade Aa_1 in A berührt. Legt man ferner die Gerade G noch ein zweitesmal auf den Plan, so dass die Punkte b, d, e, beziehungsweise in den Strahlen liegen, welche von A nach B, D, E gezogen wurden, so erhält G die neue Lage g_2 g_2 und a die Lage a_2. Der Punkt O muss nun auch auf dem Kegelschnitte L_2 liegen, welcher die Punkte B, D, E enthält und die Gerade Aa_2 in A berührt. Im Schnitte von den Linien L_1 und L_2 ergibt sich O; die richtige Lage der Geraden G

*) Technische Blätter. Prag. Calve 1890.

ist also jene *gg*, in welcher *a*, *b*, *c*, *d*, *e* respective über *OA*, *OB*, *OC*,
OD und *OE* liegen; die Senkrechte von *O* auf *gg* ist die Distanz,
ihr Fusspunkt wieder Grundriss des Hauptpunktes.*)

Die Construction ist nach dem Gesagten bei allgemeiner Lage
der gegebenen fünf Punkte ziemlich complicirt; sie gestaltet sich aber
einfach, wenn wie in Fig. 11 je drei von den fünf Punkten z. B.
A, *B*, *C* und *C*, *D*, *E* in eine Gerade fallen. Wählt man dann als
die ersten drei Strahlen die von *A* nach *C*, *D*, *E* gezogenen, so geht
der Kegelschnitt L_1 in die Geraden *CDE* und *Aa₁* über; und nimmt

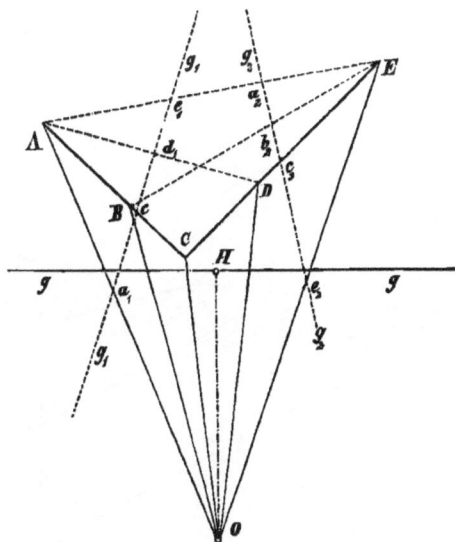

Fig. 11.

man für den zweiten Kegelschnitt die Strahlen, welche *E* mit *A*,
B, *C* verbinden, so zerfällt die Linie L_2 in zwei Gerade: *ABC* und
Ee₂; der Punkt *O* ist deshalb Schnittpunkt der Geraden *Aa₁* und *Ee₂*.

Um die Höhe des Standpunktes bestimmen zu können, müssen
wenigstens von zweien der fünf Punkte die Höhen bekannt sein.
Nennen wir, um auf Fig. 9 hinweisen zu können, den Standpunkt *A*,
die bekannten Punkte *B*, *C*, die Höhe des Standpunktes *x*, jene von *B*
und *C*: *H* und H_1 und den Abstand des Punktes *b* über der Horizontlinie
y, den von *c* entsprechend y_1, so erhält man, nachdem *A'b'* der ebenso-
vielte (*u* te) Theil von *A'B'* sein muss wie *bb₁* von *BB₁*, $y = \dfrac{H - x}{u}$ und

---

*) Eine Construction, welche das Zeichnen der Linien L_1 und L_2 nicht er-
fordert, wird im Anhange des III. Theiles folgen.

entsprechend, wenn $A'c'$ der $v$te Theil von $A'C'$ ist, $y_1 = \dfrac{H_1-x}{v}$. Da sich aber der Unterschied $y-y_1$ auf der Photographie messen lässt, er sei z. B. w, so ergibt sich noch die neue Gleichung $y-y_1 = w$, somit $\dfrac{H-x}{u} - \dfrac{H_1-x}{v} = w$, aus welcher Gleichung x berechnet werden kann. Als allgemeine Lösung würde sich ergeben $x = \dfrac{uvw-vH+uH_1}{u-v}$. Ist x berechnet, so lassen sich nach obigen zwei Gleichungen $y = \dfrac{H-x}{u}$ und $y_1 = \dfrac{H_1-x}{v}$ auch y und y_1 fin-

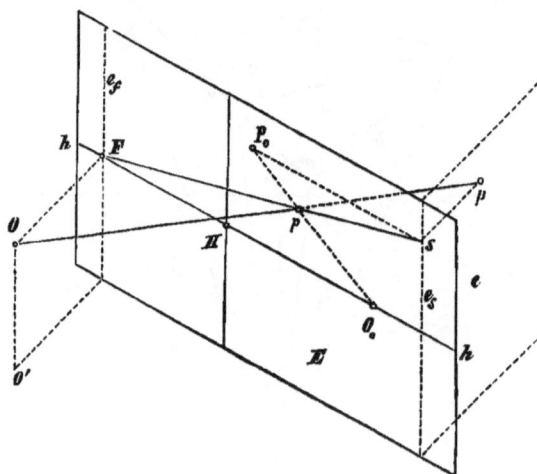

Fig. 12.

den und damit ist zugleich die Horizontlinie bestimmt; dieselbe muss die Kreise berühren, welche aus b und c beziehungsweise mit y und y_1 auf der Photographie beschrieben wurden.

§ 9. **Aufnahme ebener Objecte in schiefer Lage zur Bildebene.** Hat man nach einer der angegebenen Methoden die Lage des Augpunktes O zur Photographie bestimmt, dann lassen sich auch die in einer Ebene liegenden Figuren (z. B. eine Façade) darstellen, wenn diese Ebene nicht mehr zur Bildebene parallel war, sondern eine geneigte Lage hatte. Um dieses Verfahren zu entwickeln, denken wir uns, in Fig. 12 sei e irgend eine Ebene, e_s deren Spurlinie, e_f die Fluchtlinie derselben. (In der Figur wurde die Ebene e vertical angenommen, weil bei Bauobjecten diese Lage der Ebenen vorherrscht). Ein beliebiger Punkt der Ebene e kann nun in Perspective gesetzt werden, indem man in e durch P eine Horizontale bis s in e_s zieht und durch O dazu eine Paralle OF bis F in e_f legt. Von der Geraden Ps wäre sF die Perspective, es muss deshalb der Sehstrahl OP die Gerade sF in der Perspective p von P treffen. Denkt man sich jetzt OF um e_f und Ps um e_s in die Bildebene E gedreht, so kommt O nach O_0 und P nach P_0; $O_0 P_0$ wird durch p gehen.

Wenn also umgekehrt O, F und p gegeben sind, so wird sich P ergeben, wenn Fp bis s in e_s, sP_0 senkrecht zu e_s und O_0p bis P_0 gezogen wird. Wiederholt man dies mit allen abgebildeten Punkten, so erhält man das in die Photographieebene hineingelegte Original.

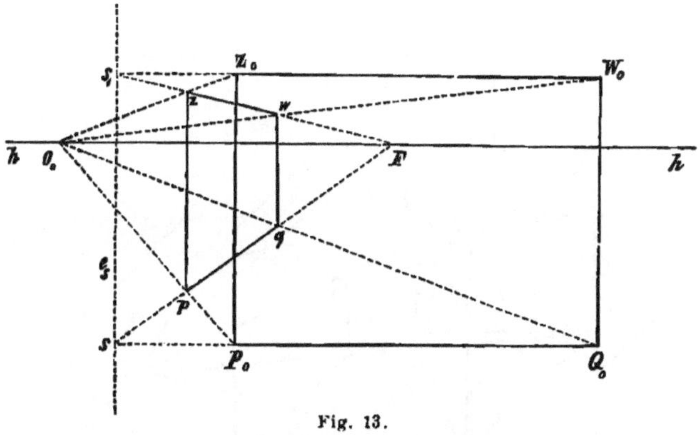

Fig. 13.

An den gegenseitigen Beziehungen wird gar nichts geändert werden, wenn die Ebene e zwar in gleicher Stellung, aber entfernter angenommen wird; e_s kann deshalb beliebig wo (nur in der Originalrichtung) gewählt werden. Dadurch erfährt wohl der Massstab der Zeichnung eine Änderung, das Resultat ist aber immer eine dem Originale ähnliche Figur. Ihr Verjüngungsverhältnis ist bestimmt, sobald von einer der dargestellten Strecken die wahre Grösse bekannt ist.

Sollte nach dem entwickelten Verfahren das Original der Seitenfläche $pqwz$ in Fig. 5 gesucht werden, so würde man HO_0 senkrecht hh ziehen und FO_0 auf die Horizontlinie übertragen. Fig. 13. Nach beliebiger Wahl von e_s wäre pq bis s zu verlängern, sP_0 senkrecht e_s zu zeichnen und durch O_0p sowie O_0q in P_0 und Q_0 zu schneiden. Eine Wiederholung mit anderen Punkten liefert das ganze Original. O_0 spielt die Rolle des sogenannten „Theilungspunktes."

§ 10. Aufnahme ebener Objecte in horizontaler
Lage zur Bildebene. Die Betrachtungen des § 9 lassen sich
auch auf eine Ebene in horizontaler Lage übertragen. Nachdem
dieser Fall auch bei Objecten der Erdoberfläche vorkommen kann,
soll hier ein entsprechendes Beispiel durchgeführt werden.

Bei Terrainaufnahmen wird nur selten eine Photographie für
die geometrische Aufnahme hinreichend sein, weil die Terrainformen
nicht nach geometrischen Gesetzen gebildet sind und selbst ebene
Figuren nur in wenigen Fällen anzutreffen sind. Finden sich aber
solche, dann bietet die Photographie ein so einfaches Mittel für die

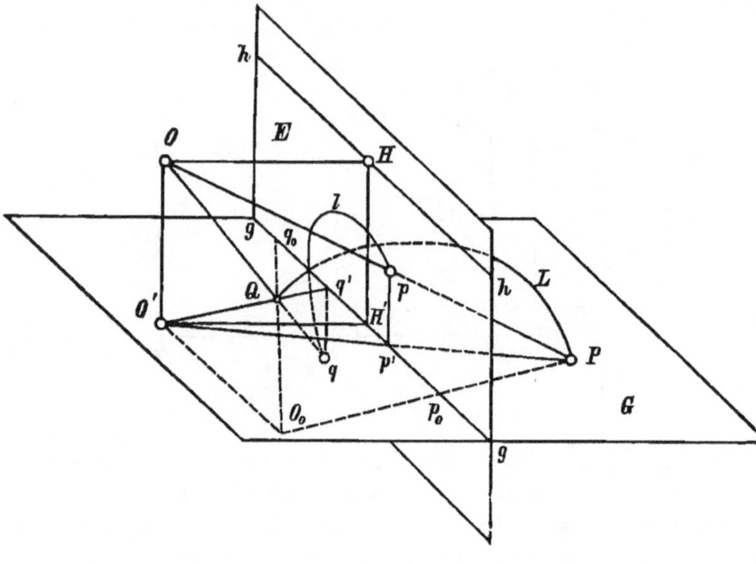

Fig. 14.

geometrische Aufnahme des betreffenden Terrainabschnittes, wie sie
kein anderes Verfahren der praktischen Messkunst zu leisten imstande
ist. Als Musterbeispiele dieser Art können die Aufnahme einer
Küstenlinie, eines Sees dienen. Hier hat man nämlich aus der Photographie (der centralen Projection) einer ebenen horizontal liegenden
Figur ihre wahre Gestalt abzuleiten. Wie schon im § 7 erwähnt
wurde, gienge dies am einfachsten, indem man den Linienzug auf ein
horizontal liegende Platte photographiert — vom Mast eines Schiffes
oder von einem Luftballon aus. Es gelingt aber auch, aus der Photographie in einer verticalen oder sogar schiefen Ebene den in Rede
stehenden Linienzug in seiner wahren Gestalt abzuleiten.

Man gewinnt am besten Einblick in das bezügliche Verfahren, wenn man sich wieder die Entstehung des perspectischen Bildes vergegenwärtigt.

Ist O in Fig. 14 das Centrum der Perspective, aus welchem die Punkte $P \ldots$ der Grundebene G auf die Ebene E zu projicieren sind, so hat man nach § 1 für jeden solchen Punkt den Schnitt der Geraden OP mit E zu suchen. Legt man zu dem Behufe durch OP eine verticale Ebene, so schneidet diese die Grundebene G in der Geraden $O'P$, die Ebene E in den Verticalen $p'p$; OP begegnet deshalb der Ebene E dort, wo sich OP und $p'p$ schneiden, das ist in p (§ 2). Überträgt man $p'p$ auf die Grund-

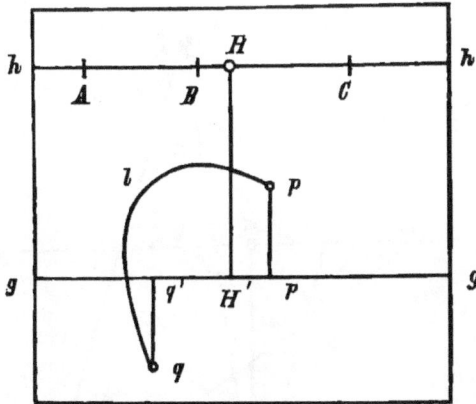

Fig. 15.

linie gg nach $p'p_0$, die Höhe˙des Punktes O auf eine zu gg Parallele nach $O'O_0$, so wird auch O_0p_0 zum Punkte P gehen müssen, weshalb sich p auch ergibt, wenn man $O'P$ und O_0P zieht und $p'p_0$ nach $p'p$ überträgt. Umgekehrt wird sich nun, wenn die Perspective p gegeben ist, der Originalpunkt P finden lassen, indem man pp gleich $p'p^0$ macht und $O'p'$ mit O_0p_0 zum Schnitte bringt.

Hat man also von einer in der Ebene G liegenden Figur PQ eine Photographie pq und kennt von derselben den Hauptpunkt H und die Bildweite OH, sowie die Höhe OO', in welcher sich das Objectiv bei der Aufnahme über der Ebene G befand, so lässt sich nach dem Gesagten aus dieser einen Photographie die wahre Gestalt der Figur PQ auf folgende Weise ableiten. Man zeichnet sich auf der Photographie die Grundlinie gg parallel zur Horizontlinie hh in einem Abstande, welche der verjüngten Standhöhe OO' entspricht und fällt zu derselben aus den einzelnen Punkten $p \ldots$ $q \ldots H$ Senkrechte nach $p' \ldots q' \ldots H'$ Fig. 15. Nun übertrage man die Linie *gg* mit den markierten Punkten auf das Zeichenblatt, ziehe *H'O'* senkrecht zu *gg* und mache *H'O'* gleich der Bildweite, ferner *O'O₀* parallel zu *gg* und gleich der verjüngten Standhöhe. Schliesslich nehme man die Strecken $pp' \ldots qq'$ der Photographie und trage sie von $p' \ldots q'$ je nachdem die Punkte auf der Photographie ober oder unterhalb *gg* liegen entweder in derselben oder entgegengesetzten Richtung von *O'O₀* bis $p_0 \ldots q$ etc. auf. *O'p'* und $O_0 p_0$ treffen sich in *P*, *O'q'* und $O_0 q_0$ in *Q* etc. Fig. 16. Die letzten Constructionen sind rein mechanisch und in der That lassen sich Instrumente zusammenstellen, bei denen ein Stift den Linienzug $P \ldots Q$ beschreibt, während ein anderer auf der Linie $p \ldots q$

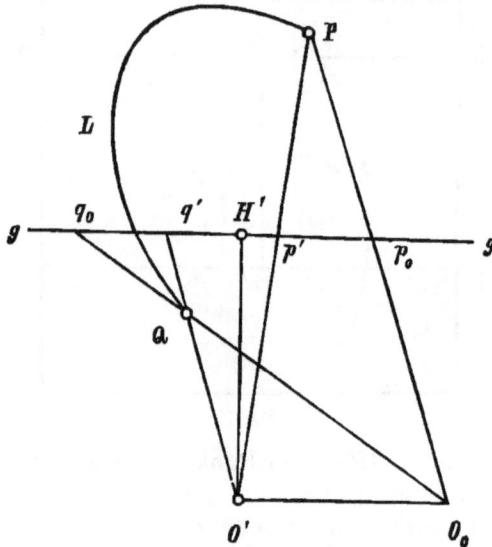

Fig. 16.

dahinfährt, z. B. der Perspectograph von Ritter. (Siehe 2. Theil). Wenn die Standhöhe unbekannt ist oder schwer gemessen werden kann, so entwerfe man den Plan für eine beliebig gewählte horizontale Gerade *gg* und messe dann eine der gefundenen Strecken. In demselben Verhältnisse, in welchem diese verkleinert erscheint, in demselben Verhältnisse ist auch der ganze Plan verjüngt.

Der Schnittpunkt *p* der Geraden *OP* mit der Ebene *E* kann auch so gefunden werden, dass man *PP'* senkrecht *gg* zieht — Fig. 17 — und *P'* mit dem Hauptpunkte *H* verbindet; *P'H* trifft *OP* in dem verlangten Punkte *p*. Denkt man sich jetzt *OH* auf der Horizontlinie *hh* nach *HO₀* und *P'P* auf der Grundlinie *gg* nach *P₀* aufgetragen, dann muss die Gerade $O_0 P_0$ ebenfalls durch *p* gehen.

Der umgekehrte Weg führt nun wieder zur Construction eines Originales $P.\ldots Q$ der Ebene II aus dessen perspectivischem Bilde $p \ldots q$.

Darnach hätte man auf der Horizontlinie die Bildweite OII nach HO_0 zu übertragen, Hp bis P' und O_0p bis P_0 in gg zu ziehen und hernach $P'P$ auf der Senkrechten zu gg der Strecke $P'P_0$ gleichzumachen. Man würde also von der Photographie die Gerade gg mit den Punkten $P'\ldots Q'$ zu copieren und auf ein Zeichenblatt aufzutragen, dann die Stücke $P'P_0$, $Q'Q_0 \ldots$ abzugreifen haben, in P'', $Q'\ldots$ Senkrechte zu gg zeichnen und auf diesen Strecken abschneiden

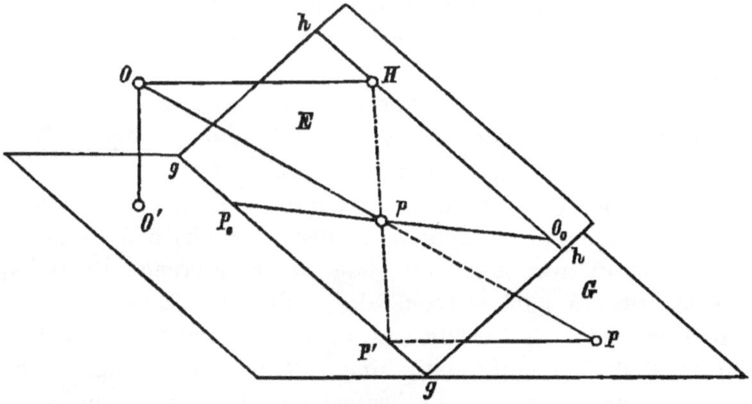

Fig. 17.

müssen, welche den Strecken $P'P_0$ $Q'Q_0 \ldots$ gleich sind. Auch hier wird das Original in der entworfenen Zeichnung ebenso verkleinert sein wie die Standhöhe, welche wieder dem Abstande der Linien hh und gg gleich ist; bei beliebig gewählter Grundlinie gg wird das Verjüngungsverhältnis der Zeichnung ebenfalls aus irgend einer gemessenen Strecke sich ableiten lassen.

Ein Hauptvorzug des zuletzt entwickelten Verfahrens ist der, dass es auch dann anwendbar ist, wenn die Ebene der Photographie nicht vertical, sondern geneigt ist. Die schon einem solchen Falle entsprechende Fig. 17 zeigt dies sofort. Die Linie hh wird aber dann nicht mehr durch den eigentlichen Hauptpunkt der Photographie gehen (dieser wird nämlich dort liegen, wo die aus O auf die Ebene E gefällte Senkrechte die letztere trifft), sondern der Punkt H ist dann jener, in welchem ein horizontaler und nur zur Geraden hh senkrechter Strahl OH der Ebene E begegnet. Die Linie hh sowohl als auch der Punkt H können aber mit einem geometrischen Instrumente, so wie im § 11 angegeben wird, gefunden werden.

hh zeigt sich wie in Fig. 15, *OH* entspricht der Strecke *AH'* der Fig. 8. Da auch der Abstand *a* der Geraden *gg* und *hh* nicht mehr der Standhöhe *s* gleich ist, vielmehr *s* = *a* sin *n* sein muss, wenn *n* der Neigungswinkel der Ebenen *E* und *G* ist, so empfiehlt es sich, das Verjüngungsverhältnis stets aus der Verkleinerung einer gemessenen Strecke zu bestimmen.

Wenn man bedenkt, dass es nicht nur sehr mühevoll ist, einen Linienzug, wie ihn z. B. die Grenzen eines Sees bilden, geometrisch aufzunehmen, sondern dass schliesslich doch nur eine begrenzte Anzahl von Punkten nach den gewöhnlichen Methoden gefunden werden können: dann muss man wohl dem obigen Verfahren den Vorzug einräumen; dieses leistet bei viel geringerer Arbeit bedeutend mehr als jene.

§ 11. **Orientierung einer Photographie auf Grund von Messungen.** Wäre irgend ein unbekanntes Object (Terrainabschnitt) aufzunehmen, an dem man weder Formen nach Dimensionen kennt, dann lassen sich Horizontlinie, Hauptpunkt und Bildweite einer Photographie nicht mehr nach § 8 aus dem Bilde selbst ableiten, sondern man muss für jede zu orientierende Photographie wenigstens zwei Winkel messen, oder soviele Bestimmungsstücke zu ermitteln trachten, als für die eine oder die andere der im § 8 angeführten Methoden nothwendig sind. Stehen hierzu eigene Instrumente zur Verfügung, um so besser; man wird aber im Nothfalle auch mit dem photographischen Apparate allein auskommen können. Die Hauptsache ist nur die, dass man drei Visuren erhält, welche vom Standpunkte ausgehen und nach drei in der Photographie ersichtlichen Punkten gerichtet sind.

1. Handelt es sich nur um einen Grundriss (Situation ohne Höhenangaben), dann genügt schon die Camera mit rechteckigem Laufbrett. Man richtet sich ein Reissbrett derartig her, dass man es auf das Stativ des photographischen Apparates aufschrauben kann. Dasselbe stellt man unter Controle einer Libelle (die ja jeder Photograph bei der Hand hat) durch Verschieben der Füsse möglichst horizontal. Ist auf der matten Scheibe die Hauptverticale *vv* noch nicht markiert, so thut man es. Nun wird die Camera so auf das Reissbrett gestellt, dass der Mittelpunkt des Objectives ungefähr dieselbe Lage hat wie bei der später vorzunehmenden photographischen Aufnahme, und irgend ein markanter Objectpunkt *B* in der Verticallinie sich abbildet. In dieser Stellung zieht man längs eines Laufbrettrandes eine Gerade L_1. Alsdann dreht man die Camera um die Mitte des Objectives bis ein zweiter Objectpunkt *C* im Vertical-

faden erscheint und zieht an demselben Rande der Camera die Gerade L_2. Dasselbe wiederholt man wenigstens noch mit einem dritten Punkte D und erhält die Gerade L_3.

Die Parallelen, welche durch den Punkt A, der unter dem unbeweglich gebliebenen Mittelpunkte des Objectives sich befindet, zu den Geraden L_1, L_2 und L_3 gezogen werden, müssen Strahlen sein, welche vom Standpunkte nach den Punkten B, C, D des Objectes gehen. Drei solche Strahlen genügen aber, um nach § 8 (Punkt 3 und Fig. 8) die von A aufgenommene Photographie zu orientieren. Besser ist es, wenn genannte Visuren AB, AC, AD, mit einem Diopterlineal gemacht werden können.

2. Verlässliche Angaben über die Lage der Horizontlinie werden so noch nicht gewonnen werden können, zu diesem Zwecke ist die Zuhilfenahme eines Nivellier-Fernrohres oder eines Theodoliten nothwendig. Diese Instrumente müssen im Standpunkte so aufgestellt werden, dass ihre optische Achse bezüglich Höhe und Drehpunkt mit der optischen Achse und dem Mittelpunkte des Objectives correspondieren.

Ersteres Instrument dreht man aus der Richtung nach einem deutlich sichtbaren Punkte B in die Richtung nach einem anderen C und einem dritten D und notiert sich die Lage betreffenden Visuren. Die Bilder b, c, d der Punkte B, C, D liegen dann in der Horizontlinie und die Visuren nach B, C, D genügen, um nach § 8 (Punkt 3) auch Hauptpunkt und Bildweite der Photographie bestimmen zu können.

3. Mit dem Theodoliten kann man in gleicher Weise vorgehen; er kann aber auch noch angewendet werden, wenn es nicht möglich sein sollte, drei erkenntliche Punkte im Niveau des Standpunktes aufzufinden. Es lassen sich nämlich in diesem Falle nebst den Horizontalwinkeln auch die Höhenwinkel messen, von welchen wieder im Sinne des § 8 (Punkt 3, 4) der Uebergang auf die Horizontlinie möglich ist. Wäre z. B. in Fig. 9 die Visur nach B unter dem Winkel β, die nach C unter dem Winkel γ zur Horizontalen geneigt, so erhielt man bb_1 und cc_1 als Katheten rechtwinkeliger Dreiecke, bei denen $A'b'$ und $A'c'$ die zweiten Katheten und β und γ die diesen anliegenden Winkel sind. Mit bb_1 und cc_1 ist aber nach Früherem auch die Horizontlinie gewonnen.

§ 12. Das Problem der vier Punkte. Im § 8 wurde vorausgesetzt, man verfüge über so viele Punkte oder Angaben, dass die Photographie ohneweiters orientiert werden kann; im § 11 wurde entwickelt, wie vorgegangen werden muss, wenn gar keine

Anhaltspunkte vorliegen. Es kann nun auch vorkommen, dass die Angaben nicht hinreichen. Nehmen wir z. B. an, man würde nur über die gegenseitige Lage von drei Punkten unterrichtet sein und sollte nun die umliegenden Objecte in ihrer richtigen Lage zu den bekannten Punkten darstellen. Hier wird es vor allem nothwendig sein, die Lage des Aufstellungspunktes A zu den drei gegebenen Punkten B, C, D zu bestimmen; man steht also vor der Aufgabe, die Lage eines unbekannten Standpunktes A zu drei sichtbaren, bekannten, aber unzugänglichen Punkten B, C, D zu ermitteln. Die Aufgabe ist unter dem Namen „Problem der vier Punkte", „Stationieren",

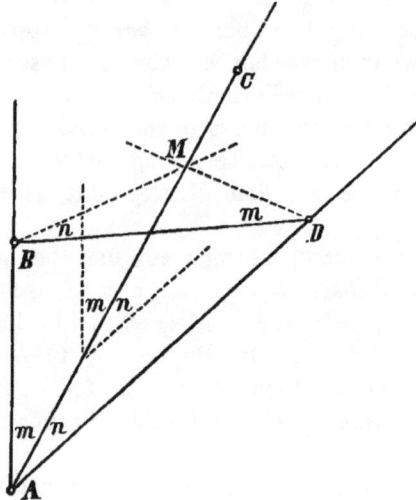

Fig. 18.

„Rückwärtseinschneiden aus drei Punkten" bekannt; am häufigsten wird sie „Pothenotsche Aufgabe" genannt, obwohl sie zuerst vom Niederländer W. S n e l l i u s (1617) behandelt wurde. Man findet die Lage des Punktes A mit Benützung der Horizontalwinkel m und n, unter welchen die Strecken BC und CD von A aus gesehen werden nach verschiedenen Methoden.

Die einfachste hievon ist wohl die mechanische, nach welcher man die zwei Winkel nebeneinander auf ein Pausepapier zeichnet und dieses nun solange auf dem Plane verschiebt, bis die einzelnen Strahlen durch die entsprechenden Punkte gehen.

Theoretisch einfach ist das Verfahren, welches den Punkt A als Schnittpunkt von zwei Kreisen liefert. Einer derselben geht durch B und C als Ort der Scheitel jener Peripheriewinkel, welche über BC gezeichnet werden können und gleich dem Winkel m sind, der andere enthält die Scheitel aller Peripheriewinkel, welche auf CD stehen und die Grösse des Winkels n haben.

Constructiv leichter durchführbar ist folgender Vorgang. Fig. 18. Man zeichnet bei B den Winkel n, unter welchem die Strecke CD gesehen wird, bei D den Winkel m, unter welchem BC von A aus erscheint. Die zweiten Schenkel dieser Winkel schneiden sich in einem Punkte M, welcher mit C und A auf ein und derselben Geraden liegen muss. A ergibt sich also, indem man CM durch eine Gerade schneidet, welche von B kommt und mit CM den Winkel m bildet oder mit der, welche durch D unter Winkel n zu CM gelegt wurde. Die Photographie kann nun wie in früheren Fällen orientiert werden.

IV. Geometrische Aufnahmen mit Benutzung zweier Photographien.

§ 13. Allgemeines. Aus den Betrachtungen des perspectivischen Bildes im § 5 hat sich ergeben, dass eine Photographie allein das dargestellte Object im allgemeinen noch nicht bestimmt; Gegenstände von unbekannter Form, Lage und Grösse können erst aus zwei Abbildungen reconstruiert werden. Es ging dies aus Fig. 4 hervor. An ihr kann man auch erkennen, wie wichtig es ist, die zwei Bilder in die richtige gegenseitige Lage zu bringen; denn wäre dieselbe nicht vorhanden, so würden sich zwei entsprechende Strahlen wie $O_1 a_1$ uns $O_2 a_2$ u. s. w. gewöhnlich gar nicht schneiden, sondern aneinander vorüber gehen (windschief sein). Nebst der Orientierung jeder Photographie zum Objecte, die schon bei einer Photographie als wichtig betont wurde, wird jetzt die neue Forderung: „gegenseitige Orientierung der beiden zusammengehörigen Photographien" die Hauptaufgabe sein. Zu dem Behufe wird man entweder die zwei Bilder direct in Verbindung setzen oder für Vermittlungselemente zwischen beiden sorgen. Directe Beziehungen zwischen den beiden Photographien sind herstellbar, wenn die von einem Standpunkte aus aufgenommene Photographie die Abbildung des andern Standpunktes enthält. Die Fig. 4 ist unter solchen Bedingungen construiert. o_1 auf E_1 ist das Bild vom Standpunkte O_2, und o_2 auf E_2 ist Bild des Standpunktes O_1. Zwei solche Photographien müssen so aufgestellt werden, dass die Strahlen $O_1 o_1$ und $O_2 o_2$ zusammenfallen.

Wird jede Photographie nach einer der im § 8 erklärten Methode orientiert, so vermitteln die benützten Stützpunkte die gegenseitige Orientierung; denn wenn zwei Bilder E_1 und E_2 zu demselben Gegenstande in richtiger Lage sich befinden, so ist ihre Lage zu einander ebenfalls die richtige.

Nur wenn die einzelnen Photographien im Sinne des § 11 orientiert wurden, muss auch der gegenseitigen Orientierung der beiden Bilder noch im besonderen gedacht werden, und zwar gleichgiltig, ob bei beiden Photographien die Visuren nach denselben Punkten benützt worden sind oder jedesmal nach anderen Punkten gerichtete. Wären die Standpunkte gegenseitig abgebildet, so ergäbe sich die Orientierung nach Vorhergehendem von selbst, anderenfalls aber wird es unbedingt nothwendig sein, durch eine weitere Messung eine Verbindung zwischen den beiden Photographien herzustellen. Am besten wird man thun, den drei Visuren von jedem Standpunkte aus noch eine vierte, nach dem anderen Standpunkte gerichtete beizufügen

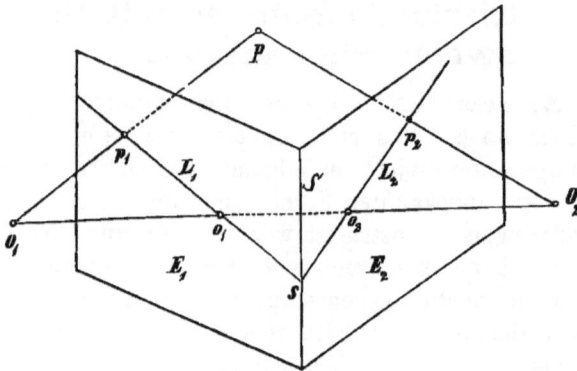

Fig. 19.

und diese beiden Visuren (Basis) zur Deckung zu bringen. Die Lage der anderen Visuren wird dann durch ihre Abweichung von der Basisvisur angegeben.

§ 14. Gegenseitige Beziehungen zwischen Photographien desselben Objectes. Die Vermuthung, dass zwei verschiedene Abbildungen ein und desselben Gegenstandes in gewisser Abhängigkeit von einander sein werden, liegt ziemlich nahe. Um diesen Zusammenhang aufzufinden, denken wir uns irgend einen Raumpunkt P von den zwei Gesichtspunkten O_1 und O_2 aus auf die Ebenen E_1 und E_2, welche sich in der Geraden S schneiden, projiciert, das heisst, die Schnittpunkte p_1 und p_2 der Strahlen O_1P und O_2P mit E_1 und E_2 bestimmt. Fig. 19. Es kann das unter anderen auch so geschehen, dass man durch O_1P und O_2P eine Ebene F legt und diese mit den Ebenen E_1 und E_2 zum Schnitte bringt.

Sind die betreffenden Schnittlinien L_1 und L_2, so müssen 1. die Geraden L_1 und L_2 einander in einem Punkte s begegnen, welcher der Schnittlinie S angehört, 2. die Projectionen p_1 und p_2 auf den Geraden L_1 und L_2 liegen, 3. muss jede von den Linien L_1 und L_2 auf der einen Bildebene durch die Projection des Centrums der andern Abbildung gehen. Somit werden für alle Punkte des Objectes die Linien L_1 auf E_1 durch die Projection von O_2 auf E_2 das ist o_1, alle Linien L_2 auf E_2 durch die Projection von O_1 auf E_2, das ist o_2 gehen. G. H a u c k,*) welcher diese Beziehungen zuerst besprochen hat, nennt die Punkte o_1 und o_2 die „Kernpunkte."

Die geführten Untersuchungen zeigen neuerdings, wie vortheilhaft es ist, wenn auf jeder von zwei zusammengehörigen Photographien der Standpunkt der andern mit abgebildet ist, denn diese Bilder sind nach Fig. 19 die Kernpunkte. Ihre Bedeutung tritt bei Aufnahmen mit geneigter Camera besonders klar hervor. Aber auch bei verticalen Photographien werden sie sowohl, wie die Gerade S vortheilhaft ausgenützt werden können, weshalb man beide Elemente in die Photographien einzeichnen wird, wenn sie nicht schon vorhanden sein sollten. Bei orientierten Photographien sind sie bald gefunden. Fig. 20. Die Grundrisse von o_1 und o_2 liegen im Schnitt der Basis O_1O_2 mit den Grundrissen der Photographien E_1' und E_2, der Grundriss von S ist Schnittpunkt der letztgenannten zwei Geraden; o_1 und o_2 haben deshalb dieselben Abstände von den Verticallinien wie o_1' und o_2' von H_1' und H_2', die Gerade S erscheint in E_1 als Parallele zur Verticallinie im Abstande $S'H_1'$, in E_2 als Parallele zur Verticallinie im Abstande S' H_2'. Die Höhen von o_1 und o_2 über der gewählten Grundrissebene erhält man durch Umlegung der Strecke O_1O_2. Sind $O_1'(O_1)$ und $O_2'(O_2)$ senkrecht $O_1'O_2'$ und den Höhen von O_1 und O_2 gleich, so schneidet die Gerade $(O_1)(O_2)$ auf den Senkrechten in o_1' und o_2' die verlangten Höhen ab. Die Punkte o_1 und o_2 können sonach in jede Photographie eingezeichnet werden.

Wenn man nun die einzelnen Punkte auf E_1 mit o_1 verbindet und die Schnittpunkte s mit S sucht, dann von den entsprechenden Punkten auf E_2 Gerade zu o_2 zieht und mit S zum Schnitte bringt, so müssen auf den beiden Linien S ganz identische Punktreihen entstehen, ein Umstand, der oft gute Dienste leisten wird. Man

---

*) Theorie der trilinearen Verwandschaft ebener Systeme. Journ. f. reine u. angewandte Mathematik, herausg. v. L. K r o n e c k e r u. A. W e i e r s t r a s s. 9. Bd. 1883.

könnte so z. B. einzelne Punkte einer Geraden l, welche auf einer Photographie ganz, auf der andern jedoch nur theilweise abgebildet ist, auch auf der letzteren leicht ergänzen, indem man z. B. auf E_1 den Punkt x_1, mit o_1 verbindet, diese Gerade x_1o_1 durch S_1 in s_1 schneidet, s_1 auf die Gerade S_2 in E_2 nach s_2 überträgt, und vom erhaltenen Punkte eine Gerade durch o_2 zieht; letztere muss dann durch x_2 gehen.

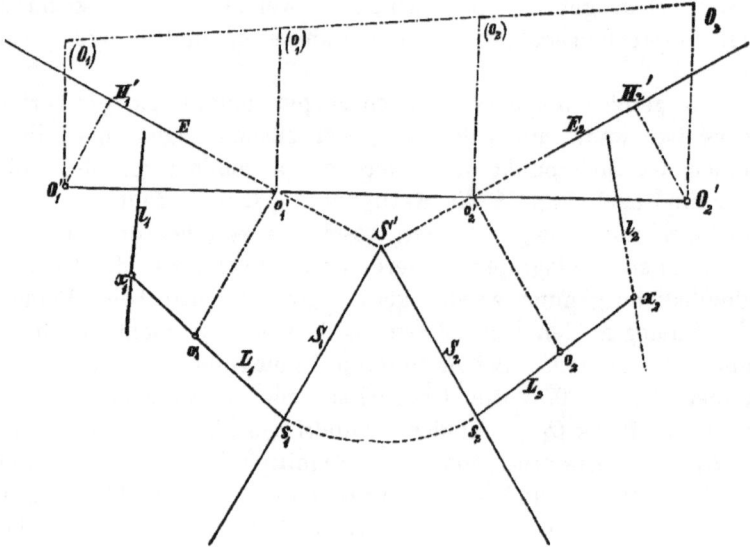

Fig. 20.

§ 15. Schluss-Arbeiten bei einer Aufnahme mit zwei Photographien. Nachdem zwei zusammengehörige Photographien auf irgend eine der angegebenen Arten orientiert sind, werden die weiteren abschliessenden Arbeiten (Zeichnung des Grundrisses oder Planes, Situation, Bestimmung der Höhen) ungemein einfach.

Liegen beide Standpunkte in derselben Höhe, so bezieht man am besten alle Punkte auf den Horizont der Punkte O_1 und O_2, lässt also die § 8 (Punkt 3, Fig. 7) eingeführte Gerade G in die Horizontlinie fallen. Haben O_1 und O_2 verschiedene Höhen, dann ist es vortheilhafter, die beiden Photographien auf eine andere horizontale Ebene z. B. das Niveau des Meeres zu basieren, und dementsprechend G_1 auf E_1 in Fig. 21 um die verjüngte Seehöhe von O_1 unter der Horizontlinie h_1h_1, G_2 auf E_2 um die verjüngte Seehöhe von O_2 unter $h_2 h_2$ einzuzeichnen und von den einzelnen Punkten p der Photographien Senkrechte zu jenen Geraden zu fällen. Nun überträgt man die Fusspunkte genannter Senkrechten in die orientierten Grundlinien $g_1 g_1$ und $g_2 g_2$, verbindet die einzelnen Punkte mit O_1' und O_2' und sucht die Schnitte von je zwei entsprechenden Verbindungsgeraden. Fig. 22. $O_1' p_1'$ und $O_2' p_2'$ schneiden einander z. B. in P', dem Grundrisse des Raumpunktes P. Um die Seehöhe des betreffenden Punktes zu finden, ziehe man durch O_1', O_2', p_1', p_2', und P' Parallele (am besten Verticale) und trage die Höhen der ersten vier Punkte O_1, O_2, p_1 und p_2 über den Geraden G_1 und G_2 nach O_1' (O_1), O_2' (O_2), p_1' (p_1), $p_2'(p_2)$ auf. Die Verbindungsgeraden (O_1) (p_1) und (O_2) (p_2) müssen die durch P' gezogene Verticale in demselben Punkte (P) treffen und P'' (P) gibt dann die Höhe von P an. Es würde selbstverständlich genügen, wenn man die Höhe bloss aus einer Photographie bestimmt hätte; die Verwendung

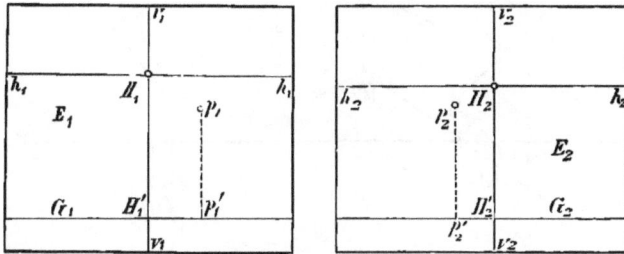

Fig. 21.

beider Photographien ist aber anzurathen, weil dadurch nicht allein die Construction controliert, sondern auch Gewissheit darüber erlangt wird, ob die zwei richtigen (zusammengehörigen) Punkte p_1 und p_2 benützt worden sind.

Die besprochenen Constructionen machen gar keine Voraussetzung betreffs der Gestalt oder Lage der Objecte, sind also in ganz gleicher Weise durchzuführen, ob jetzt Bauwerke, Terrainabschnitte oder was immer für Gegenstände aufzunehmen sind.

V. Umgestaltung des Objects zu einem für photogrammetrische Aufnahmen direct brauchbarem.

§ 16. Die Thatsache, dass man aus gewissen Verhältnissen an Objecten Photographien derselben orientieren, und infolge dessen die Objecte mit gewöhnlichen photographischen Apparaten, an denen gar nichts bekannt ist, geometrisch aufnehmen kann, legen den Gedanken

3*

nahe, Objecte, welche den bedingten Voraussetzungen noch nicht entsprechen, derartig umzugestalten oder zu ergänzen, dass sie sich dann zur directen photogrammetrischen Aufnahme eignen.

1. Bei kleinen Gegenständen, welche ihrer raschen Formveränderung wegen ein directes abmessen nicht gestatten oder aus anderen Gründen photogrammetrisch aufgenommen werden sollen, wird es sich empfehlen, dem betreffenden Objecte einen geometrischen Körper beizufügen, dessen Bild für die Orientierung der Photographie hinreicht. Wie aus den Betrachtungen des § 8 (Punkt 2) hervorgeht, würde ein einziges horizontal liegendes Quadrat schon genügen. Da aber dabei die erwähnten Constructionen in gewissen Lagen leicht undurchführbar werden können und weil es der Controle halber immer besser ist, man hat mehr als die unbedingt noth-

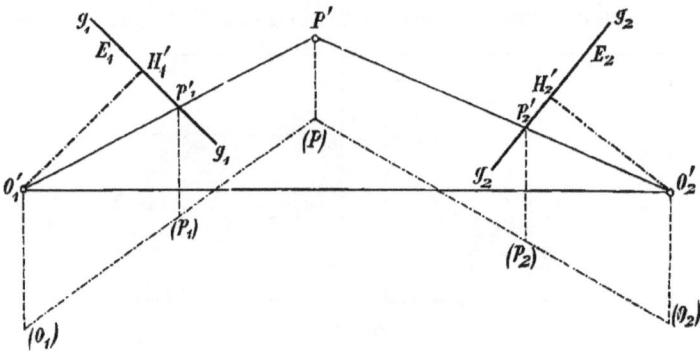

Fig. 22

wendigen Voraussetzungen erfüllt, wird man lieber ein rechtwinkliges Prisma (Würfel) mit aufstellen. Dadurch gewinnt man den Vortheil, dass die Verticalstellung der Camera controlicrt werden kann, da die verticalen Kanten alle parallel sein müssen und die Horizontlinie als Senkrechte zu diesen verticalen Kanten sich ergeben muss, andererseits aber auch selbst dann die Photographie sich bequem orientieren lässt, wenn das Prisma (der Würfel) auf keiner horizontalen Ebene stand, also keine verticalen Kanten aufwies.

Bei vertical stehendem Prisma und verticaler Bildebene kann man nach § 8 (Punkt 2) vorgehen; es soll deshalb hier nur noch die Rede sein, wie die Construction durchzuführen ist, wenn das Prisma (der Würfel) mit keiner Kante vertical war. Man erhält, wie Fig. 23 zeigt, drei Fluchtpunkte f, F, F_1; dieselben sind die Fusspunkte von drei zu einander senkrechten Geraden Of, OF und OF_1, und der Hauptstrahl OH geht von O senkrecht zur Ebene fFF_1, d. h. zur

Bildebene. Eine durch fO und OH gelegte Ebene muss auf
der Bildebene und auf der Ebene FOF_1 senkrecht stehen,
deshalb auch auf der Schnittlinie FF_1, was zur Folge hat,
dass H in einer Geraden liegen muss, weche durch f geht und auf
FF_1 senkrecht steht; das ist in der Figur die Gerade fn. Desgleichen
liegt H in der Normalen Fm von F zu fF_1 und in der Senkrechten
F_1p von F_1 zu Ff. Durch H geht dann horizontal die Horizontlinie,
vertical die Verticallinie. Die Distanz ergibt sich durch Umlegung

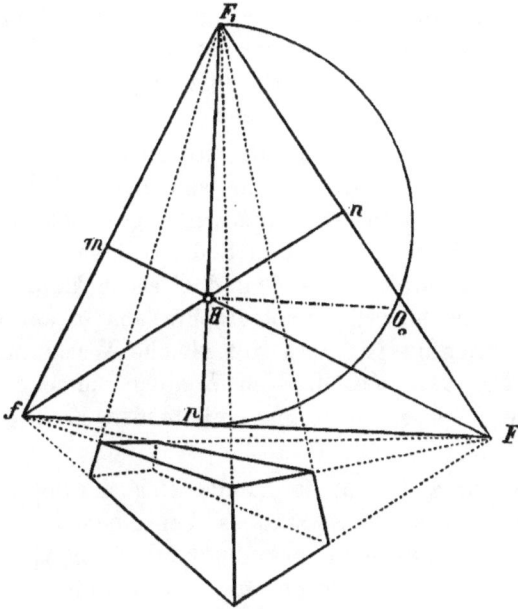

Fig. 23.

eines der vorkommenden rechtwinkeligen Dreiecke. In Fig. 23 wurde
das Dreieck $F_1 Op$ umgelegt. $F_1 p$ ist die Hypotenuse desselben,
H der Fusspunkt seiner Höhe, deshalb HO_0 die Distanz, wenn O_0
in dem Halbkreise über $F_1 p$ liegt und HO_0 zu $F_1 p$ normal ist.

Hat man also irgend einen Gegenstand sammt einem beigefügten
rechtwinkeligen Prisma photographiert, so lässt sich die Photographie
orientieren. Ebenso kann es mit einer zweiten geschehen. Behufs
gegenseitiger Orientierung wird es gut sein, während der ersten
Aufnahme den Standpunkt der zweiten und umgekehrt zu markieren,
um die Richtung des Strahles $O_1 O_2$ zu haben. Dies ist überflüssig,
wenn den Photographien die Dimensionen des Prismas (beim Würfel
also eine einzige Zahl) beigegeben werden, weil man dann den Ent-

wurf mit der Darstellung des Prismas (Würfels) beginnen und aus diesem z. B. nach dem Problem der vier Punkte (§ 12) die richtige Lage der Standpunkte und Photographien ermitteln kann. Zur Bestimmung des Massstabes dient entweder die markierte und gemessene Basis O_1O_2 oder das Prisma, indem man erstere oder letzteres im gewünschten Grössenverhältnis annimmt. Im übrigen gelten alle früher entwickelten Constructionen.

2. Bei Objecten mit grösseren Dimensionen oder Terrainabschnitten würde der nothwendige geometrische Körper zu gross ausfallen, weshalb man lieber jenen Methoden zu willfahren suchen wird, welche gelegentlich der Orientierung bei Terrainaufnahmen (§ 8, Punkt 3, 4) besprochen wurden.

Das Problem der fünf Punkte wird sich höchstens in der Annahme als praktisch erweisen, wenn von den fünf Punkten je drei einer Geraden angehören; am einfachsten gestaltet sich die Sache nach § 8, Punkt 3, wo nebst den Standpunkten A und D (Fig. 8) nur noch zwei andere Punkte B und C als bekannt vorausgesetzt wurden. Nachdem hier die Photographie aus A auf die dort angegebene Art orientirt ist, wird auf gleiche Weise mit Benützung der Strahlen DA, DB, DC die von D aufgenommene Photographie in die richtige Lage gebracht und mit beiden nach § 15 die Aufnahme vollendet.

Nehmen wir z. B. an, es handle sich darum, die Form und die Dimensionen des Wasserstrahles bei einem Springbrunnen zu ermitteln. Hier müsste man unbedingt mit zwei Apparaten gleichzeitig Momentaufnahmen machen, die zwei Standpunkte wären also durch die Apparate selbst markiert. Stellt man dann noch zwei Zeichen auf und bestimmt nun die gegenseitige Lage dieser vier Punkte zu einander, so gestatten die zwei erhaltenen Momentphotophien nach den früheren Auseinandersetzungen alle in beiden Bildern ersichtlichen Punkte in ihrer richtigen Lage im Raume darzustellen.

VI. Bemerkungen
über Verbesserungen an den zu Messzwecken verwendeten gewöhnlichen Apparaten.

Dass man bei photogrammetrischen Aufnahmen nur gute Apparate verwenden wird, braucht wohl kaum erwähnt zu werden; es sollen hier auch nur jene Momente zur Sprache kommen, welchen eine besondere Beachtung zu schenken ist.

§ 17. Das Stativ. Da die Verticalstellung der empfindlichen Platte als Grundbedingung der bisher besprochenen Aufnahmen hingestellt wurde, muss das Stativ nicht nur solid gebaut
sein, sondern auch leicht verstellt werden können. Wenn keine
besonderen Hilfsmittel zur Verticalstellung angewendet werden, sind
jedenfalls Stative mit verkürzbaren Füssen vorzuziehen. Die Geduld
des Operateurs wird bei genauen Arbeiten auf eine harte Probe
gestellt, wenn er ein Stativ hat, dessen Füsse nur verstellbar sind
oder bei dem das Ineinanderschieben der Füsse mit blosser Hand
besorgt werden muss. Rascher und sicherer
kann die Camera horizontal gestellt werden,
wenn die Füsse mit Schrauben versehen
sind, welche ein allmähliches Verkürzen
ermöglichen; durch ihre Benützung wird
wenigstens die feine Horizontalstellung besser
besorgt. Bei Photogrammetern ist auch ein
Stativkopf beliebt, wie er bei den Nivellier-
instrumenten vorkommt. Die Stativconstruc-
tion von Belitski (Deutsche Photographen-
zeitung 1888, pag. 205) ist z. B. von dieser
Art.

Bequem und ohne jede weitere In-
anspruchnahme von Aufmerksamkeit geht
die Arbeit von statten, wenn man den
Apparat derartig herrichtet, dass die Camera
von selbst sich horizontal stellt. Ein em-
pfehlenswertes Hilfsmittel für solche Zwecke
ist die sogenannnte „Senkrechtstellung von
E. Leutner."*) Den Hauptbestandtheil derselben bildet eine Hohlkugelschale B (Fig. 24)

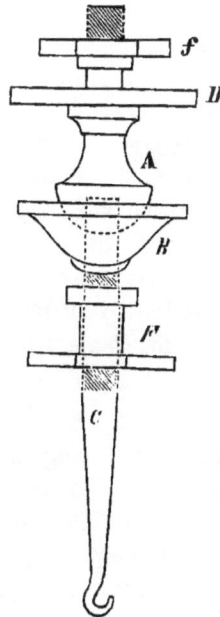

Fig. 24.

mit einer kreisrunden Öffnung im Boden. Durch letztere greift eine
Eisenstange C, welche am unteren Ende einen Haken besitzt und am
oberen Ende mit einem Schraubengewinde versehen ist. Durch
dieses Schraubengewinde wird die Stange C solid mit einer Halb-
kugel A in Verbindung gesetzt, die in einem genau senkrecht zur
Stange C gestellten Tellerträger E übergeht und mit einem Zapfen
endet. Der Gebrauch und die Wirkung lassen sich leicht erkennen.
Wird die Hohlkugelschale auf den Stativkopf aufgeschraubt und die
Stange C unten beschwert (indem man z. B. die Camera anhängt

---

*) Zu beziehen durch A. Moll, k. u. k. Hoflieferant, Wien, Tuchlauben 9.

so muss dieselbe eine verticale Richtung annehmen und diese dem Kugelbestandteil *A*, welcher in der Schale *B* leicht beweglich ist, mittheilen, demnach der Teller *D* und die darauf gestellte Camera horizontal werden. Zum Fixieren dieser Lage dient eine grössere Flügelmutter *F*, während durch die kleinere *f* die Camera angeschraubt werden kann.

Bei Arbeiten, die eine öftere Drehung der Camera verlangen, wird mit Vortheil als Verbindungsglied von Camera und Stativ die sphärische Calotte von G o u l i e r angewendet werden. Dieselbe besteht aus einer Kugelhaube und einer Feder mit doppelter concentrischer Schraubenmutter. Lockert man die Schrauben, so kann die aufgestellte Camera beliebig gedreht und geneigt, also auch leicht horizontiert werden. Wird nun die eine Schraube wieder angezogen, so bleibt die Camera immer in horizontaler Lage, kann aber noch beliebig gedreht werden; erst, wenn auch die zweite Schraube angezogen wird, nimmt die Camera eine unveränderliche Stellung ein.*)

Als brauchbares Hilfsmittel dieser Art sind noch der Camera-Nivelleur von W. K ü h n (Deutsche Photogr. Zeitung 1888 pag. 335) und das Camera-Kugelgelenk von A l l i h n (Photogr. Mittheil. 27. Jahrgang, pag. 61) zu erwähnen.

§ 18. D i e C a m e r a. Damit mit der Horizontierung des ebenen Laufbrettes zugleich die Verticalstellung der empfindlichen Platte und des Objectivbrettchens (also zugleich horizontale Richtung der optischen Achse des Objectives) herbeigeführt werden, wende man eine Camera an, bei welcher der vordere und rückwärtige Theil genau senkrecht zur Unterlage stehen. Aus diesem Grunde wird die prismatisch gebaute oder in Form eines Pyramidenstumpfes hergestellte Camera mit fixer Einstellung der gewöhnlichen Balgcamera vorzuziehen sein. Um nun doch nicht auf eine Veränderung der Einstellungsweite verzichten zu müssen, benütze man in horizontaler Richtung verschiebbare Objective (mit Trieb). Eine Verschiebung des Objectives in verticaler Richtung soll ebenfalls ermöglicht sein. Um beide Verschiebungen messen zu können, bringe man Massstäbe an, auf denen eine Normalstellung markiert ist. Bei einer Camera mit Auszug wird noch ein dritter Massstab vonnöthen sein, der die Veränderungen der Einstellungsweite anzugeben gestattet.

---

*) Dr. G. Le Bon: Le levers photographiques et la photographie en voyage. 1. partie Paris. Gauthier-Villars et fils. 1889.

§ 19. Das Objectiv. Wie bei den Apparaten für alle anderen photographischen Aufnahmen das Objectiv die Hauptsache ist, so auch bei solchen, welche Messungszwecken dienen sollen. Wenn nicht specielle Arbeiten vorzunehmen sind, welche unbedingt Momentaufnahmen erfordern, werden die Lichtstärke des Objectives und das Zusammenfallen des optischen Brennpunktes mit dem chemischen Focus nebensächlich sein; in erster Linie kommen immer in Betracht: ein ebenes Bild ohne perspectivische Verzeichnung, dann grosse Tiefe der Schärfe.

Da bei grossem Abstande des Knotenpunktes von der Ebene des Bildes die Visur genauer gezeichnet werden kann (sie ist Verbindungsgerade entfernterer Punkte) als bei kleinerem, so werden Objective mit grosser Brennweite mehr Präcision ermöglichen als solche mit kurzer Brennweite; erstere haben aber wieder den Nachtheil, dass ihr Gesichtsfeld ein beschränkteres ist. Bei Architektur-Aufnahmen wird man deshalb zu Weitwinkel-Objectiven greifen müssen; dieselben haben überdies auch meist eine grosse Tiefe und eignen sich für Apparate mit unveränderlicher Einstellung.

Wie erwähnt muss das Objectiv in erster Linie perspectivisch richtig zeichnen, weshalb es auch zunächst in dieser Hinsicht geprüft werden muss. Eine Probeaufnahme von mehreren geometrischen Körpern bekannter Gestalt, von denen man also weiss, wie sie im perspectivischen Bilde erscheinen müssen, wird hinreichende Gewissheit verschaffen können, ob das Objectiv bezüglich der erwähnten Bedingnng tadellos ist oder nicht. Man gebe sich aber noch nicht zufrieden, wenn Körper mit geraden Kanten im Bilde geradlinig begrenzt sind — mögen sie in der Mitte oder an den Rändern der Photographie abgebildet sein, sondern untersuche noch, ob für alle Stellungen dieser Körper derselbe Hauptpunkt und dieselbe Distanz erhalten werden.

VII. Umgestaltung des gewöhnlichen photographischen Apparates zu einem Messinstrumente.

§ 20. Allgemeines. Aus den früheren Entwickelungen folgt, dass eine Photographie für die Zwecke der Messkunst verwendbar ist, sobald der Hauptpunkt H, die Horizontlinie hh und die Distanz d bekannt sind. Der photographische Apparat wir deshalb als Messapparat betrachtet werden können, wenn er Bilder mit ersichtlicher Horizontlinie und erkennbarem Hauptpunkte liefert und

wenn er so ausgestattet ist, dass sich für jede Photographie die Bildweite angeben lässt.

Im Nachfolgenden soll auseinandergesetzt werden, wie der
gewöhnliche Apparat auszurüsten ist, damit er die vorerwähnten
Eigenschaften habe. Unter den drei Elementen: Hauptpunkt, Horizontlinie und Bildweite kommt der Bildweite die grösste
Bedeutung zu, weshalb ihre Bestimmung von besonderer Wichtigkeit ist.

§ 21. Bestimmung der Bildweite. Hierüber wurde
zwar schon in den Paragraphen 8, 11 und 12 gesprochen, der Bedeutung des Gegenstandes wegen mögen aber noch einige Verfahren
folgen, nach welchen der Abstand des zweiten Knotenpunktes von
der Bildebene ermittelt werden kann. Von den bisher in den verschiedenen photographischen Zeitschriften und Büchern über Photographie veröffentlichten Methoden über Brennweitebestimmung (Voigt-
länder, Grubb, Dr. Schröder, Dr. Stolze u. a.) scheint für
Zwecke der photographischen Messkunst die von Moëssard angegebene die beste zu sein, weil sie die wirkliche Lage des Knotenpunktes angibt.

1. Genannte Methode gründet sich auf einen Umstand, dessen
Richtigkeit aus den Lehren der Perspective sofort hervorgeht. Wie
Fig. 1 zeigt, muss nämlich das perspectivische Bild eines Punktes
stets in der Verbindungsgeraden des Originalpunktes P mit dem
Gesichtspunkte O liegen. Bleiben also P und O in unveränderter
Lage, so wird auch das Bild p von P stets an derselben Stelle
bleiben, selbst wenn die Ebene E in sich weiter geschoben würde;
eine Verrückung von O bedingt auch eine solche von p. Bei
Objectiven tritt nach § 4 an die Stelle von O der zweite
Knotenpunkt k. Richtet man deshalb den photographischen Apparat
so her, dass er sich um einen Punkt des Objectives drehen lässt,
dann wird bei einer Drehung der Camera (des Objectives) nur
in jenem Falle keine Wanderung des Bildes bemerkt werden, wenn
die Drehungsachse den zweiten Knotenpunkt enthält. Es lässt sich
sonach durch allmähliche Veränderung der Rotationsachse jene Stelle
des Objectives ausfindig machen, an welcher der zweite Knotenpunkt
liegt. Sein Abstand von der Ebene des Bildes gibt die wahre
perspectivische Distanz, unsere Bild- oder Einstellungsweite. Oberst
Moëssard benützt bei seinen Untersuchungen einen eigenen Apparat „Tourniquet" genannt.

2. Das im § 11 angegebene Verfahren (Punkt 1) hat den
Vortheil, dass es keiner Hilfsmittel bedarf und bei einem Objective

ohne chemischen Focus sogar nicht einmal eine wirkliche photographische Aufnahme verlangt. Man stelle nämlich so ein, dass
mehrere markante Objectpunkte auf der matten Scheibe ersichtlich
sind, messe die Horizontalabstände der durch dieselben gezogenen
Verticalen und übertragen sie auf eine Gerade G. Hernach con-
struiere man die Horizontalwinkel zwischen den Objectpunkten nach
§ 11 und suche mechanisch oder durch Construction wie in Fig. 8
jene Lage von G, in welcher die Bilder der Objectpunkte auf die
ihnen entsprechenden Visuren zu liegen kommen. Der Abstand
der Geraden G vom Ausgangspunkt der Strahlen ist die Einstellungsweite.

3. Sehr einfach gestaltet sich dieses Verfahren mit Benutzung
von Sonnenaufnahmen. Hierzu wird man greifen, wenn keine günstigen Objecte vorhanden sind und das Zeichnen der Horizontalwinkel
Schwierigkeiten bereiten sollte. Der Vorgang wäre folgender. Man
stelle die Camera und ein daneben liegendes Zeichenbrett möglichst
horizontal auf und fixiere auf dem Zeichenbrette einen längeren geraden Stift in verticaler Lage. Markiert man nun auf der Zeichnung
die Schattenlinie des Stiftes und macht in demselben Momente eine
Aufnahme der Sonne, so muss die Schattenlinie dieselbe Horizontal-
Richtung haben wie der von der Sonne durch das Objectiv zum Sonnen-
bilde gehende Strahl. Wiederholt man das Gesagte bei unveränderter
Lage aller Theile in mehreren Zeitintervallen, dann erhält man
ebensoviele Visuren und kann wie vorher mit einer Geraden G,
welche in das Strahlenbüschel der Schattenlinien eingelegt wird, die
Bildweite bestimmen.

§ 22. Bestimmung der Horizontlinie. Die zuletzt besprochenen zwei Methoden liefern zugleich die Hauptverticale.
Überträgt man nämlich den Punkt H', in welchem die vom Schnittpunkte der Strahlen auf die Gerade G gefällte Senkrechte die letztere trifft, auf die Photographie zurück, so hat man jenen Punkt, in
welchem die Hauptverticale auf G senkrecht steht. Es fehlt somit
nur noch die Horizontlinie. Diese verbindet bekanntlich die Bilder
aller Punkte, welche mit dem zweiten Knotenpunkte in gleicher
Höhe liegen; es wird also im allgemeinen genügen, wenn zwei
solche Punkte vorhanden sind. Bei bekannter Verticalrichtung wird
sogar ein Punkt hinreichen, denn durch sein Bild geht die Horizontlinie als Senkrechte zur Verticalrichtung. Um Punkte im Niveau
der Objectiv-Mitte ausfindig zu machen, bedient man sich wohl am
besten eines Nivellier-Instrumentes.

Bei Bildern von Bauobjecten finden sich stets Punkte, welche der Horizontlinie angehören (§ 8), bei bekannter Höhe einzelner Punkte kann der Weg eingeschlagen werden, der im § 8 und § 11 beschrieben wurde und zu den Strecken bb_1 und cc_1 in den Fig. 7 und 9 führte.

Für alle Fälle bleibt schliesslich noch ein Ausweg, die Aufnahme eines Objectes mit seinem Spiegelbilde, wenn die spiegelnde Fläche horizontal ist und die Höhe der Objectiv-Mitte hat. Des kräftigen Lichtes wegen, wird sich wieder die Sonne gut als Object eignen; auch können dann Horizontlinie und Bildweite (§ 21, Punkt 3) in einem bestimmt werden. Als horizontal spiegelnde Fläche kann ein gewöhnlicher ebener Spiegel (der aber genau mit der Libelle horizontal zu stellen wäre) oder noch einfacher, die Oberfläche einer Flüssigkeit: Wasser, Glycerin, Quecksilber u. dergl. dienen. Bei Flüssigkeiten ist man der Probe wegen der genauen horizontalen Lage enthoben und man hat nur noch darauf zu achten, dass die Fläche in der Höhe der Objectiv-Mitte liegt. Es wäre also ein Gefäss so aufzustellen, dass es von der darin enthaltenen Flüssigkeit bis zur Mitte des Objectivs angefüllt ist. Man wird alsdann bei jeder Sonnenaufnahme nicht nur ein Abbild der Sonne selbst, sondern auch noch von seinem Spiegelbilde erhalten. Je zwei solche Bilder haben einerseits als Verbindungsgerade eine Verticale, andererseits liegen sie auch zur Horizontlinie symmetrisch, ihr Abstand wird deshalb von der Horizontlinie normal halbiert werden.

Da sich bei der Bestimmung der Bildweite auch die Hauptverticale ergab, so ist mit der Horizontalinie zugleich der Hauptpunkt gefunden: er ist Schnittpunkt der beiden Geraden.

Nach allen diesen Bestimmungen bleibt nur übrig, für die Markierung der gefundenen Elemente zu sorgen.

§ 23. Markierung der Bildweite. Bei einer Camera mit constanter Einstellung (Metallcamera) und unveränderlicher Objectivstellung wird die Bildweite stets die gleiche bleiben, weshalb es genügt, dieselbe ein für allemal irgendwo bleibend zu notieren. Bei einer ebensolchen Camera mit verschiebbarem Objective bringe man am Objectivrohr eine Marke an, welche jene Stellung fixiert, die voraussichtlich bei den meisten Aufnahmen vorhanden sein dürfte (Normalstellung) und für welche die Bildweite genau bestimmt wurde. Auf einem in der Längsrichtung angefügten Massstabe lassen sich dann jene Verschiebungen abmessen, welche bei abnormen Einstellungen nöthig sind; durch entsprechende Vergrösserung oder Verkleinerung der Normalbildweite wird nun die jeweilig benützte Bildweite resultieren.

Hat endlich das Objectiv eine fixe Stellung und ist die Camera verschiebbar (Balgcamera), so wird vorerwähnter Masstab am besten seitwärts des Laufbrettes anzubringen sein. Der rückwärtige Theil der Camera muss eine Marke tragen, welche in der Normalstellung mit einer Marke des Massstabes correspondiert; der Horizontalabstand dieser zwei Marken zeigt dann den Unterschied in den Bildweiten an.

Durch die Kenntniss der beim Photographieren gewählten Einstellungsweite wird man in den Stand gesetzt, die photogrammetrischen Aufnahmen wesentlich zu vereinfachen. Schon die Orientierung der Photographie gelingt früher; es sind nicht mehr soviele Bedingungen vonnöthen wie in den früher besprochenen Fällen. Beispielsweise wird es bei Architekturaufnahmen hinreichen, wenn ein Winkel be-

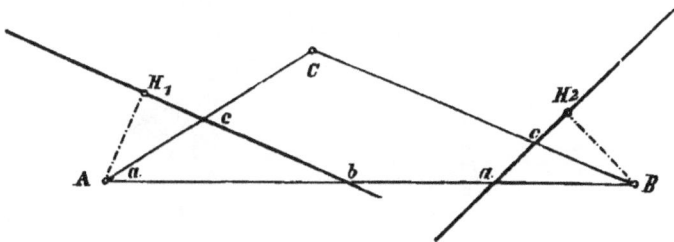

Fig. 25.

kannt ist; bei landschaftlichen Aufnahmen ist die Orientierung der Photographie — S. 16 — bei bekannter Bildweite schon ermöglicht, sobald von jedem Standpunkte aus zwei Visuren festgelegt sind. Die in früheren Beispielen mehrerwähnte Gerade G ist jetzt so zu legen, dass sie den mit der Bildweite d aus dem Standpunkte beschriebenen Kreis berührt, und die Projectionen der zwei anvisierten Punkte in die betreffenden Visuren zu liegen kommen.

Am einfachsten gestaltet sich die Construction wieder, wenn jede Photographie von einem Standpunkte das Bild des anderen Standpunktes enthält. Es gelingt die Orientierung beider Photographien schon, wenn nebst der Basis AB (Fig. 25) noch ein Punkt C gegeben ist. Die verticale Bildebene der Photographie aus A muss nämlich in eine zur Zeichenebene senkrechte Lage gebracht werden, in welcher ihr Grundriss einen mit der Bildweite d um A beschriebenen Kreis berührt und die Abbildungen b und c der Punkte B und C über den Visuren AB und AC liegen. Diese Lage wird sich mechanisch durch Verschiebung eines Papierstreifens ziemlich genau ausfindig

machen lassen. Der Berührungspunkt mit dem erwähnten Kreise
deutet die Lage des Hauptpunktes an.

Als geometrische Hilfsconstruction wäre folgende zu empfehlen.
Über den Normalabstand der Verticalen durch die Punkte b und c
auf der Photographie beschreibe man einen Kreis k als Ort aller
Punkte, von welchen aus die Strecke bc unter Winkel $BAC = a$
erscheint. Fig. 26 (Der Mittelpunkt dieses Kreises liegt in der Symme-
tralen von bc und in der Senkrechten bx zu einer Geraden, welche
durch b unter Winkel a zu bc gezogen wird). Ferner zeichne man
zu bc eine Parallele yz im Abstande d; yz und k schneiden einander
in zwei Punkten, von denen der eine A sein muss. Die Senkrechte
von A zu bc trifft bc im Grundrisse des Hauptpunktes. Die Strecken
Ab und Ac können nun aus der Hilfsfigur in die eigentliche Zeichnung übertragen werden, womit die Lage der Bildebene fixiert ist.

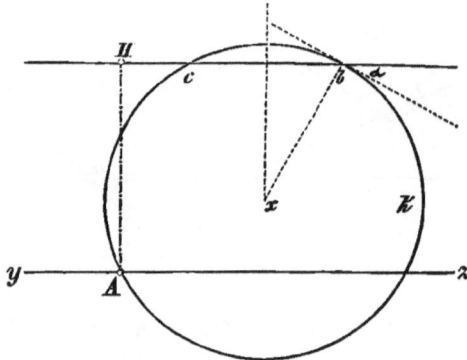

Fig. 26.

An Stelle der Visur AB und der Strecke bc wird eine andere
Visur und ein anderer Abstand treten müssen, wenn es nicht möglich ist, den zweiten Endpunkt der Basis in das Gesichtsfeld hinein-
zubringen; im übrigen erleidet der Vorgang keine Aenderungen.

§ 24. Markierung der Horizontlinie und des Haupt-
punktes. Was diese anbelangt, sei zunächst erwähnt, dass die
Horizontlinie gewöhnlich direct angedeutet, die Stelle des Haupt-
punktes aber meistens als Schnittpunkt der Horizontlinie hh und der
Hauptverticalen vv markiert wird. Es kann dies nun auf vielfache
Art geschehen.

Bei einem Apparate, der die empfindliche Platte genau an die
Stelle der matten Scheibe zu bringen gestattet (bei einem guten
Apparate soll das immer der Fall sein), der ferner nach erfolgter Ein-
stellung nicht so leicht in seiner Lage sich verändern lässt und bei

welchem kein chemischer Focus vorkommt, wird das Einzeichnen der Horizontlinie *hh* und der Hauptverticalen *vv* auf der matten Scheibe genügen. Man darf aber dann die Mühe nicht scheuen, Punkte sich zu merken oder zu notieren, welche nach erfolgter Einstellung in den markierten Linien sich abbilden und zwar wenigstens zwei Punkte in der einen, und einen Punkt in der andern Linie; dafür ist das erhaltene Negativ nicht im geringsten durch störende Einzeichnungen für andere als Messzwecke ungeeignet gemacht worden, kann also noch in beliebiger Weise verwertet werden. Messzwecken ist die Photographie dienstbar, sobald auf der Copie die notierten Punkte verbunden, somit Horizontlinie und Hauptverticale eingezeichnet sind.

Die ursprünglichste und am meisten angewendete Methode der Markierung von Horizontlinie und Hauptverticale bestand in der Anbringung von zwei feinen Drähten (Fäden, Menschenhaaren) knapp vor der empfindlichen Fläche. Das Negativ bleibt längs diesen zwei Linien unbelichtet, dieselben heben sich also scharf ab, entstellen aber auch zugleich das Bild. Aus diesem Grunde ist es schon besser, bloss an den Endpunkten der in Rede stehenden Linien Marken anzubringen, welche eventuell auch zurückgeschlagen werden können. Neuerer Zeit zieht man es vor, einen Rahmen, dessen innere Begrenzungsgeraden mit Zähnen versehen sind, so einzulegen, dass er der empfindlichen Platte möglichst nahe liegt, somit alle Einschnitte sich mit abbilden. Hat man durch wiederholte Messungen bestimmt, welche Zähne der Horizontlinie und der Hauptverticalen angehören, so ist man auch imstande, genannte Linien auf jeder Photographie einzuzeichnen.

Der Plan wird nun auf folgende Weise entworfen. Man zeichnet wie in Fig. 25 die Basis, construiert seitwärts für die Photographie aus A ein rechtwinkeliges Dreieck, welches die Bildweite als eine Kathete, den Abstand des Punktes b vom Verticalfaden als zweite Kathete hat und überträgt die Hypotenuse nach Ab, sowie das Dreieck nach AbH_1; dasselbe wiederholt man bei B. Muss, weil die Endpunkte der Basis nicht abgebildet waren, ein Stützpunkt C zuhilfe genommen werden, so treten die Dreiecke AH_1c und BH_2c in die Construction ein. Die Vollendung wird im Sinne der Figuren 21 und 22 vorgenommen.

§ 25. **Nord-Südrichtung und Massstab.** Ein photographischer Apparat, der nach obigen Angaben ausgerüstet wurde, ist ein Instrument, mit dem Horizontal- und Verticalwinkel, beliebige Distanzen und Höhen gemessen werden können. Photogrammetrische Aufnahmen, die sich mit einer Photographie durchführen lassen, sind

nur bezüglich Nord-Südrichtung und Massstab unbestimmt, verlangen
also nur dann noch eine Winkelmessung mit der Boussole und eine
Streckenmessung, wenn die Aufnahme auch in jener Hinsicht vollendet sein soll. Bei Arbeiten, denen zwei Photographien zugrunde
gelegt werden müssen, sind ausserdem noch weitere Messungen nothwendig, wenn die Basis oder irgend eine andere Strecke weder ihrer
Länge noch Lage nach bekannt ist und die gegenseitige Abbildung
der Standpunkte ebenfalls nicht möglich war. Denn bei bekannter
Basis wird der ganze Plan in demselben Verhältnisse verkleinert
werden, in welchem man die Basis verjüngt, und die Orientierung
nach den Himmelsrichtungen ist besorgt, sobald es bei der Basis ge-

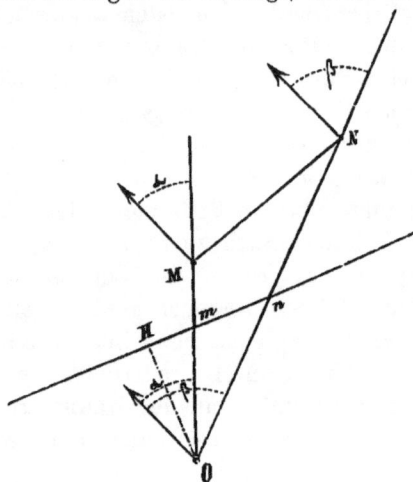

Fig. 27.

schehen ist. War statt der Basis irgend eine andere Strecke MN
gegeben, so kann man wohl auch wie am Schlusse des Paragraphen 24
von der Standlinie ausgehen, diese vorläufig beliebig annehmen und
nach vollendeter Durchführung durch Vergleich der gegebenen Strecke
MN mit derjenigen, welche unter den gewählten Annahmen sich
ergab, einen Schluss auf den Massstab der erhaltenen Zeichnung und
seine Lage zur Nord-Südrichtung ziehen, es ist aber auch möglich,
jene Länge und Richtung der Basis zu ermitteln, welche die resul-
tierende Zeichnung bezüglich Grösse und Lage so liefert, wie es der
gegebenen Strecke MN entspricht.

§ 26. Bestimmung der Basis. Wenn eine Strecke MN
gegeben ist und die Winkel α und β gemessen wurden, um welche
die vom Standpunkte O nach M und N gehenden Visuren mit der
Nord-Südrichtung bilden, dann ist die richtige Lage des Standpunktes

zu M und N sofort gefunden. Fig 27. Man zeichnet MN, zieht durch M eine Gerade unter Winkel α zur Nord-Südlinie, durch N eine Gerade unter Winkel β zur Nordlinie und erhält im Schnitte dieser zwei Geraden den Standpunkt O. Die Wiederholung im andern Standpunkte ergibt sonach die Basis. Es genügt auch je eine Messung; denn ist z. B. α bekannt, so wird der Winkel β nur um jenen Winkel γ grösser sein, unter welchen die Strecke MN von O aus gesehen wird; genannter Winkel ergibt sich aber nach Fig. 28 aus der Photographie, indem man die Abbildungen m und n von M und N auf die Horizontlinie nach m' und n' projiciert und die Senkrechte $H(O)$ im Hauptpunkte der Distanz gleich macht. Der Winkel $m'(O)n'$ ist der gesuchte.

Bei drei bekannten Punkten M, N, P braucht man auch die Winkel α und β nicht mehr. Denn die Photographie (Fig. 28) liefert die zwei Winkel unter welchen die Strecken MP und NP vom Stand-

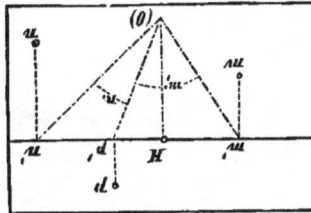

Fig. 28.

punkte aus gesehen werden, die beiden Endpunkte der Basis lassen sich also nach dem Problem der vier Punkte — § 12 — auffinden.

Während nach dem Problem der fünf Punkte eine Gegend ohne einen für photogrammetrische Arbeiten ausgerüsteten Apparat von unbekannten Standpunkten aus erst geometrisch aufgenommen werden kann, wenn fünf Punkte gegeben sind, gelingt es nach dem Vorhergehenden mit einem Apparate, der für Messzwecke umgestaltet ist, schon dann, wenn nur drei Objectpunkte in ihrer Lage festgelegt sind. Ein solcher Apparat eignet sich aber auch sogar zu geometrischen Aufnahmen von Objecten aus unbekannten Standpunkten, wenn gar keine Punkte gegeben sind. In einem solchen Falle braucht man drei Photographien und die drei Winkel α_1, α_2, α_3, um welche die Visuren aus den Standpunkten nach einem Punkte P von der Nordrichtung abweichen. Beim Zeichnen des Planes sucht man nun in den Photographien drei markante Punkte M, N, P, nimmt zwei derselben vorläufig in ganz beliebiger Lage an, z. B. M und N in Fig. 29, construiert nach Fig. 28 die Winkel $m_{1,2,3}$ und $n_{1,2,3}$, unter welchen die Strecken MP und NP von den drei Standpunkten aus gesehen werden und ermittelt so wie in Fig. 18 die drei Hilfspunkte Q_1, Q_2 und Q_3, indem man bei N an NM die Winkel m_1, m_2, m_3, bei M an MN die Winkel n_1, n_2 n_3 legt und je zwei entsprechende Schenkel zum Schnitte bringt.*) Nun betrachtet man die Punkte Q_1, Q_2 und Q_3 als die gegebenen und sucht nach dem Problem der vier Punkte den Punkt P zu bestimmen. Hiezu braucht man die Winkel m und n, unter denen $Q_3 Q_2$ und $Q_2 Q_1$ von P aus erscheinen. Diese sind durch die Visuren $O_1 P$, $O_2 P$, $O_3 P$ gegeben; denn in Fig. 29 muss $m = a_3 - a_2$ und $n = a_1 + a_2$ sein. Zeichnet man also bei Q_1 den Winkel

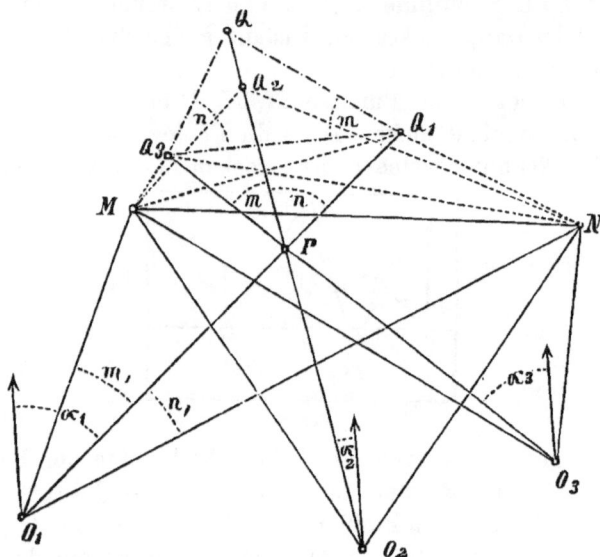

Fig. 29.

m, bei Q_3 den Winkel n, so erhält man als Schnitt der zweiten Schenkel einen Punkt Q, welcher mit Q_2 verbunden jenen Strahl liefert, der vom zweiten Standpunkte aus nach P gerichtet ist. Man sucht nun mit Benütznug von m und n den Punkt P und mit Zuhilfenahme der Winkelpaare $m_{1,2,3}$ und $n_{1,2,3}$ die Punkte O_1, O_2, O_3 ebenso, wie in Fig. 18 den Punkt A. In O_1, O_2, O_3 kann man dann wie früher die drei Photographien orientieren und nach dem gewöhnlichen photogrammetrischen Verfahren alle Punkte einzeichnen, welche in je zwei Photographien abgebildet sind.

Nach dem Gesagten braucht man bei den letzten zwei Verfahren nur so lange im Standpunkte zu verweilen, als das Exponieren dauert und bis im zweiten Falle eine Visur aufgenommen ist. Beides kann

*) In Fig. 18 heissen die gegebenen Punkte B, D, C, der Hilfspunkt M.

momentan, ja selbst im Fahren geschehen; man wird deshalb nach obigem Vorgange eine Gegend sogar im Vorbeifahren geometrisch aufnehmen können. Im ersteren Falle — wenn drei Punkte bekannt sind — wäre die Aufnahme in jeder Richtung eine bestimmte; im letzteren Falle — wenn keine Punkte, weder Object- noch Standpunkte bekannt sind — würde nur der Massstab unbestimmt bleiben. Bei einer Küste aber, die man im Vorbeifahren vom Schiffe aus dreimal mit einem photogrammetrischen Apparate aufgenommen hat, wird man selbst den Massstab angeben können, da man die Höhe des Standpunktes über dem Meeresspiegel messen und daraus das Verjüngungsverhältnis des entworfenen Planes oder der gezeichneten Karte bestimmen kann.

§ 27. Aufnahme mit Benützung der Achsenrichtung. Bedeutend einfacher gestaltet sich selbstredend die photogrammetrische

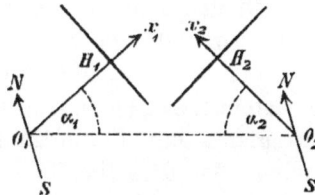

Fig. 30.

Aufnahme, wenn man weiss, welche Richtung die optische Achse des Objectives beim Photographieren hatte. Die Construction ist dann nunmehr folgende. Durch jeden Standpunkt (Fig. 30) ist eine Gerade Ox zu ziehen, welche die Richtung der optischen Achse hat; darauf wird vom Standpunkte aus die Einstellungsweite d bis H aufgetragen und die Photographie so aufgestellt, dass ihr Hauptpunkt nach H fällt, und ihre Ebene zur Geraden Ox senkrecht steht. Damit hat man die Orientierung vollzogen und kann mit der Einzeichnung der Punkte beginnen.

Als nächstliegendes Mittel zur Bestimmung der Achsenrichtung bietet sich der Winkel α dar, um welchen die Achse von der Basis abweicht. Nachdem wir, wie im Vorhergehenden immer, auch hier die Photographie in einer verticalen Ebene voraussetzen, die optische Achse somit horizontal ist, wird dieselbe bei der Drehung einen Horizontalwinkel beschreiben. Zur genauen Ermittlung desselben ist auch ein genaues Winkelmess-Instrument nothwendig, das entweder in fester Verbindung mit der Camera steht, oder getrennt in Verwendung kommt, jedesmal aber mit der Achse des Objectives in Lage und Drehungspunkt übereinstimmen soll. Letzteres ist bei grösseren Distanzen keine unbedingte Nothwendigkeit, da die excentrische Stellung der beiden Instrumente nur einen verschwindend kleinen Fehler zur Folge hat.

Die Photographie liefert den Winkel α selbst, wenn jede Photographie von einem Standpunkte das Bild des anderen Standpunktes enthält; (es ist der Winkel A des Dreiecks bAH_1 in Figur 25) auch kann die photographische Camera zur directen Messung des genannten Winkels dienen. Zu dem Behufe stelle man die Camera so auf eine horizontale Ebene, dass der andere Standpunkt in der Hauptverticalen sich abbildet und markiere diese Stellung, indem man am Rande des Laufbrettes eine Linie zieht. Dreht man nun die Camera in die Aufnahmestellung und markiert längs derselben Kante neuerdings eine Linie, so werden erwähnte zwei Linien den Winkel α einschliessen.

Die Orientierung nach den Himmelsgegenden wäre aber noch immer erst möglich, wenn irgend eine der erhaltenen Richtungen in dieser Hinsicht orientiert wäre. Aufnahmen, bei welchen die Angaben, bezüglich der Himmelsgegenden ins Gewicht fallen, werden deshalb vortheilhaft gleich mit Zuhilfenahme eines Boussoleninstrumentes vorgenommen. Ist dasselbe in fester Verbindung mit der Camera und mit Marken versehen, welche die Richtung der optischen Achse andeuten, so kann man für jede Aufnahme angeben, um welchen Winkel die optische Achse von der Nord-Südlinie abweicht. Statt wie früher die Linie Ox in Fig. 30 unter Winkel α zur Standlinie zu zeichnen, zieht man jetzt unter dem gefundenen Winkel eine Gerade zur Nord-Südlinie; sonst construiert man so wie früher.

§ 28. **Aufnahmen mit Benützung einer Magnetnadel.** Aus dem Vorhergehenden ergibt sich, dass eine Photographie eigentlich erst dann als vollständig für photogrammetrische Aufnahmen ausgestattet zu bezeichnen sein wird, wenn man aus ihr nebst den schon erwähnten Daten auch noch die Nordsüdlinie bestimmen kann. Es wird dies möglich sein, wenn man an der Camera noch knapp vor der empfindlichen Platte eine verschiebbare Marke anbringt, die man vor dem Exponieren so verstellt, dass sie in die verticale Ebene zu liegen kommt, welche durch den optischen Mittelpunkt geht und eine Himmelsrichtung angibt — oder indem man die Camera derartig herrichtet, dass sich eine Magnetnadel stets mit abbildet.

Im ersten Falle muss man natürlich eine Boussole bei der Hand haben, welcher die in die Photographie fallende Richtung (Nord, Süd, Osten oder Westen) entnommen werden kann; der zweite

Fall wird verlangen, dass innerhalb der Camera eine Magnetnadel
schwebe und die Photographie in einer horizontalen Ebene liege,
weil nur dann das Bild einer im horizontalen Sinne drehbaren
Magnetnadel dieselbe Lage haben kann wie die Magnetnadel selbst.
Dass die Declination (Abweichung der Magnetnadel von der Richtung
Nord-Süd) bekannt sein muss, ist selbstverständlich.

Die Magnetnadeln sind gewöhnlich in ihrer Mitte mit einem Hütchen versehen, sie liegen also ziemlich sicher auf und sind doch
leicht beweglich, wenn sie innerhalb des Hütchens von einem feinen
Stifte unterstützt sind.

Bei einer Camera, in welcher die empfindliche Platte horizontal
liegt, kann man somit eine Magnetnadel leicht einfügen, indem man
an dem Rahmen, welcher behufs Fixierung der Horizontlinie und
Hauptverticalen vor der Platte liegt, ein Stäbchen AB — Fig. 31. —

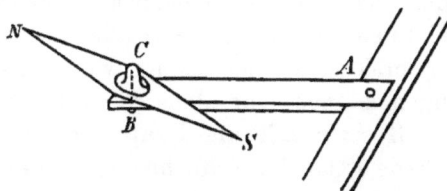

Fig. 31.

befestigt, das am Ende B einen Stift BC trägt, auf welchen man
kurz vor der Aufnahme die Magnetnadel auflegen kann. Diese Zu-
rüstung wird nur für Aufnahmen mit horizontaler Platte genügen;
bei Aufnahmen, die mit verticaler Platte gemacht werden sollten,
muss das Bild aus der verticalen Ebene erst in die horizontale Lage
übergeführt werden. Es kann geschehen durch einen Spiegel, welcher
gegen den Horizont unter einem Winkel von 45⁰ geneigt ist. Derselbe kann in zweierlei Weise angebracht werden. Entweder stellt
man die Camera mit der Platte (Rückseite) auf eine horizontale
Ebene und bringt oberhalb des Objectives, so wie es in Fig. 32 angedeutet ist, einen Spiegel S unter 45⁰ an, oder man stellt den Spiegel
so wie in Fig. 33 innerhalb der Camera auf. In letzterem Falle
kann auf der matten Scheibe E wie gewöhnlich die Einstellung besorgt werden, die empfindliche Platte muss aber horizontal, bei P
eingeschoben werden können.

Auf diese Weise wird sich ein Apparat zusammenstellen lassen,
der vollständig ausgestattete Photographien liefert, das heisst solche,
welche sofort, ohne vorher oder im Zeitpunkte der Aufnahme Mess-

ungen gemacht zu haben, zu photogrammetrischen Arbeiten verwendbar sind. In Verbindung mit einem Momentapparate würden somit
ein Instrument für geometrische Geheimaufnahmen gewonnen werden
können. Die Constructionen lehnen sich, da die Hauptverticale die
Richtung der optischen Achse hat, an die Fig. 30 (§ 27) an.

VIII. Ballonphotographie.

§ 29. Mit den Fortschritten der Luftschifffahrt gewinnt auch die
Ballonphotographie an Bedeutung. Schon im § 7 wurde darauf hinge-
wiesen, dass eine Küstenlinie, ein nahezu horizontal liegender Terrainabschnitt am einfachsten geometrisch aufgenommen werden, indem man
solche Objecte von einem Ballon aus auf eine horizontale Ebene photographiert, denn die erhaltene Photographie ist die fertige geometrische
Aufnahme, der man im Sinne des § 28 durch Mitabbildung einer Magnetnadel sogar Angaben über Himmelsgegenden beifügen kann. Aber auch
bei unebenen Objecten wird die Ballonphotographie in
der praktischen Messkunst vortheilhafte Anwendung
finden können; vor allem die vom Fesselballon aus.

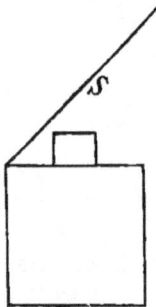

Horizontlinie und Hauptverticale werden bei den
in Rede stehenden Aufnahmen nur deshalb in Betracht
kommen, weil sie in ihrem Schnittpunkte den Hauptpunkt liefern. Derselbe wird in vielen Fällen von
selbst sich ergeben: die Bilder aller verticalen Objecte
müssen zu diesem Punkte gerichtet sein. In Ermange-
lung solcher Objecte wird es keinen Schwierigkeiten
unterliegen, verticale Linien zu markieren, z. B. in der

Fig. 32.

Weise, dass zwei bis drei Lothe vom Ballon nach abwärts hängen.
Sind die Hauptpunkte bekannt, dann genügen zur Orientierung
der Photographie drei Punkte A, B, C — Fig. 34. Die Photographien
sind orientiert, sobald jene Lage der Strahlen Ha, Hb, Hc gefunden ist,
in welcher sie durch die Punkte A, B, C' gehen. Wie im § 12 kann
man diese Lage mechanisch durch Verschiebung oder nach den verschiedenen Lösungen der Pothenotschen Aufgabe durch Construction ermitteln. Der Grundriss jedes weiteren Punktes ergibt sich als Schnittpunkt
von je zwei entsprechenden Strahlen so orientierter Photographien. $H_1 p_1$
und $H_2 p_2$ würden sich in P schneiden. Man sieht somit, dass für einen
Plan (ohne Höhenangaben) nicht einmal die Bildweite bekannt zu sein
braucht. Diese beeinflusst die Grundrissconstruction gar nicht, sondern
kommt erst in Verwendung, wenn man die Höhenlagen bestimmen
will. Hierbei wird es sich empfehlen, das ganze Raumgebilde (Object, Photographien, Lichtstrahlen) auf eine verticale Ebene zu pro-

jicieren. Diese Aufriss-Projection spielt jetzt ganz dieselbe Rolle, wie in den früheren Paragraphen die Grundriss-Projection; es lässt sich also alles, was bezüglich dieser gesagt wurde, auf jene übertragen. Die Höhen der einzelnen Punkte treten jetzt als Abstände von der gewählten Projectionsachse xx auf, beispielsweise die Höhen des Ballons in den Aufnahmezeiten als Abstände der Punkte O_1 und O_2 von xx. Diese Höhen ergeben sich somit von selbst, sobald die Bildweiten der Photographien bekannt sind und man von den Punkten A, B, C nebst den Grundrissen auch Angaben über ihre Höhen hat. (§ 12.)

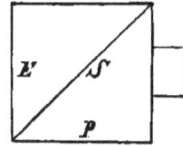

Fig. 33.

Eine bedeutende Vereinfachung tritt ein, wenn auf den Photographien eine Magnetnadel in ihrer Ruhelage abgebildet ist. Die

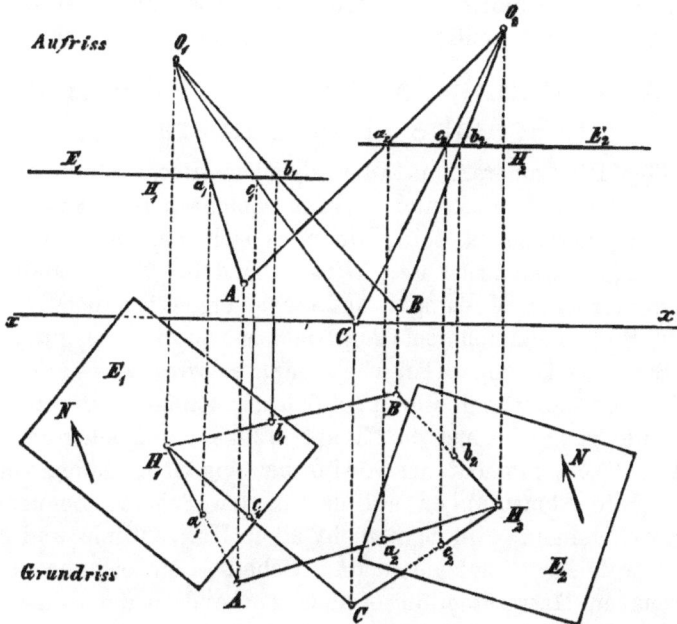

Fig. 34.

Orientierung kann dann schon mit zwei bekannten Punkten M, N durchgeführt werden und zwar so wie früher in § 26 (Fig. 27). (Nur wird O durch H vertreten und das Bild liegt in der Zeichnungsfläche.) Der Winkel α zwischen Hm und der Nordrichtung wird bei M, der Winkel β zwischen Hn und der Nordrichtung wird bei N gezeichnet; die nichtparallelen Schenkel schneiden sich im

Punkte *II* und die Photographie ist so auf das Zeichenfeld zu legen, dass *Hm* und *Hn* nach *M* und *N* gerichtet sind. Bei der Orientierung des Aufrisses wird ausser den schon früher entwickelten Hilfsmitteln noch der Umstand ins Gewicht fallen, dass Grund- und Aufriss desselben Punktes immer in einer Senkrechten zur Achse liegen müssen.

Wenn die Photographie keine Anhaltspunkte darbietet, welche zur Bestimmung des Hauptpunktes etc. führen können, dann wird die abgebildete Magnetnadel das einzige Element bleiben, auf das man sich stützen kann. Mit ihrer Hilfe lässt sich eine passende Wahl für die Richtung der den beiden Photographien gemeinsamen Projectionsachse treffen, welche dann die Rolle der in früheren Paragraphen so oft erwähnten Geraden *G* übernimmt. Mit dieser Geraden ist die Bestimmung des Aufrisses ebenso durchführbar wie früher jene des Grundrisses; durch den Aufriss sind aber dann genügend Mittel zur Orientierung des Grundrisses gewonnen.

IX. Ausnützung des Bildes auf der matten Scheibe einer Camera.

§ 30. Die Camera kann auch als geometrisches Messinstrument benützt werden, ohne dass man wirklich photographiert. Es wird diese Verwendung vorzuziehen sein, wenn es sich bloss um die Bestimmung einzelner Distanzen und Winkel handelt. Statt nämlich die hiezu erforderlichen Messungen auf einem erzeugten negativen oder positiven Bilde vorzunehmen, kann man sie ja eben so gut auf der matten Scheibe machen. Aber wie gesagt, es wird dies nur dann von Vortheil sein, wenn wenige Punkte in Betracht kommen; im entgegengesetzen Falle giengen sonst die Hauptvorzüge der Photogrammetrie: kurze Arbeitszeit, momentaner Gewinn beliebig vieler Daten, verloren.

Um die Abmessungen auf der matten Scheibe bequem vornehmen zu können, wird man nicht allein Horizontlinie und Hauptverticale auf der Bildebene (matten Scheibe) einzeichnen und mit einer genauen Masseintheilung versehen, sondern die ganze Fläche derselben mit verticalen und horizontalen Geraden in bestimmtem Abstande (Centimeter oder Millimeter) überziehen, so dass sie das Aussehen eines Blattes Millimeterpapier erhält. Dr. G. Le Bon (a. a. O.), der zuerst eine so zugerüstete Camera benützt haben dürfte, hat die Bildebene in quadratische Felder von 1 cm Seite getheilt und nur auf der Horizontlinie und Hauptverticalen Millimeter markiert; bei seinem Telestereometer, von dem im zweiten Theile die Rede sein wird, hat er eine Theilung in Zehntelmillimeter angewendet, die er selbstverständlich mit einem Vergrösserungsglase betrachtet.

Mit einem derartigen Apparate kann man dieselben geometrischen Operationen vornehmen, welche andere Instrumente zu machen gestatten. Der Vorgang entspricht im allgemeinen den früher entwickelten photogrammetrischen Methoden.

Soll mit der Camera nivelliert werden, so braucht man sie nur genau horizontal zu stellen; man erhält sofort eine ganze Reihe von Punkten, welche die Höhe der Objectivmitte (Höhe des Standpunktes vermehrt um die Instrumentenhöhe) haben: es sind alle jene Punkte, welche in der eingezeichneten Horizontlinie sich abbilden.

Ist der Höhenwinkel zu bestimmen, unter welchen ein Punkt P erscheint, so stelle man die Camera horizontal, drehe sie, bis sich P im Punkte p der Hauptverticalen abbildet, und lese ab, um wie viele

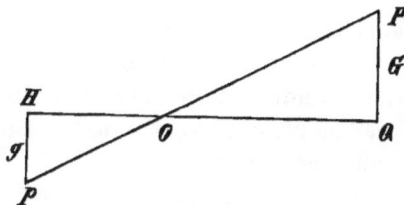

Fig. 35.

Centimeter p vom Hauptpunkte absteht. Zeichnet man ein rechtwinkeliges Dreieck, welches den Abstand pH und die Bildweite HO zu Katheten hat, so erscheint der gesuchte Höhenwinkel bei O. Figur 35.

Die Höhe des Punktes P über dem Niveau der Objectivmitte oder die Grösse des Gegenstandes G in Fig. 35 lässt sich berechnen, sobald seine Entfernung OQ bekannt ist, denn es muss sich (wenn wir den Abstand der beiden Knotenpunkte vernachlässigen) $PQ:OQ = pH:HO$ verhalten. Hätte also ein 50 m entfernter Gegenstand bei einer Bildweite von 10 cm auf der matten Scheibe eine Bildgrösse (in der Hauptverticalen) $g = 2$ cm, so ergäbe sich $G:50$ m $= 2:10$ oder $G = 10$ m als Gegenstandsgrösse.*) Bei gegebener Gegenstandsgrösse wird obige Proportion die Distanz OQ zu berechnen gestatten.

---

*) Besagte Proportion spielt auch bei Vergrösserungen und Verkleinerungen eine Rolle, wie sie auch zur Bestimmung der Bildweite führt, wenn G, g und OQ gemessen sind.

Soll der Horizontalwinkel zwischen zwei Punkten M und N gefunden werden, so wird man ebenfalls wieder die Camera horizontal stellen und nun ablesen, um wieviele Centimeter die Bilder m und n von der Hauptverticalen abstehen. Diese Strecken trägt man so wie in Fig. 28 auf eine Gerade nach Hm' und Hn' auf, macht die Senkrechte in H gleich der Bildweite $H(O)$ und hat in $m'(O)n'$ den gesuchten Horizontalwinkel. (Ueber die Bestimmung seiner Grösse in Graden siehe den Anhang.) Der zweite Theil, in welchem die Rechnung in den Vordergrund treten wird, bringt weitere Anwendungen.

Anhang.

§ 31. Im praktischen Leben kommt man manchmal in die Lage, Geometrie treiben zu müssen, ohne die nöthigen Hilfsmittel bei der Hand zu haben, die im Studierzimmer immer bereit liegen; oft kann man nicht oder will auch nicht die zur genauen Durchführung einer Aufgabe erforderlichen Apparate benützen, weil deren Herbeischaffung und Handhabung zu umständlich und zeitraubend ist, oder weil man durch ihren Gebrauch zuviel Aufsehen erregt; nicht selten beabsichtigt man, nur annähernde Daten zu gewinnen, würde also von vornherein auf schwerfällige Präcisionsinstrumente Verzicht leisten, wenn andere bekannt wären, die zwar nicht genaue Resultate liefern, aber handlicher sind. In Folgendem will ich zeigen, wie man sich in einigen solchen Fällen mit einfachen Constructionen behelfen kann.

Ich beginne mit einer Aufgabe, die scheinbar sehr einfach ist, unter Umständen aber doch Schwierigkeiten bereiten kann; ich meine die Aufgabe, einen vorliegenden Winkel zu messen oder einen Winkel von gegebener Grösse (von n Graden) zu zeichnen, wenn man keinen Transporteur hat, wohl aber Zirkel und Massstab bei sich trägt — ohne letztere dürfte ein Geometer selten sein. Der Ausweg, der einem da übrig bleibt, ist eigentlich so naheliegend, dass man sich wundern muss, so selten von ihm zu hören.*) Denkt man sich nämlich einen Kreis, dessen Umfang 360 mm hat, so ist jeder Grad auf demselben 1 mm lang; der dazu gehörige Centri-

---

*) Eine diesbezügliche Bemerkung enthält: Dr. G. Le Bon: Les levers photographiques et la photographie en voyage. Seconde partie. Paris 1889.

winkel hat also ein Winkelgrad und irgend ein Winkel hat eben so viele Grade als der entsprechende Bogen Millimeter enthält. Der Halbmesser jenes Kreises hat nun 360 mm : 2π = 180 mm : 3,14159... = 57,29... mm oder nahezu 57 mm.

Liegt somit ein Winkel vor, der zu messen ist, so braucht man nur mit dem Radius von 57 mm einen Bogen zu zeichnen und zu messen, wieviele Millimeter dieser Bogen hat: ebensoviele Grade hat der Winkel. Ist ein Winkel von einer bestimmten Anzahl Grade zu zeichnen, dann schlägt man den umgekehrten Weg ein.

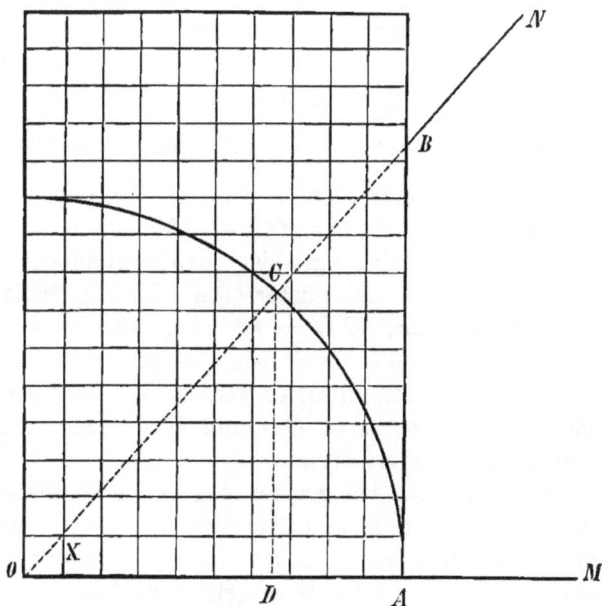

Fig. 36.

Beide Aufgaben werden bei kleinen Winkeln besonders einfach, weil bei solchen der Bogen von der Geraden kaum zu unterscheiden ist. Man wird deshalb nicht ausseracht lassen, dass gewisse Winkel leicht construiert werden können, und beispielsweise einen Winkel, der dem Anscheine nach von 60° wenig verschieden ist, lieber mit einem solchen vergleichen und nur den Unterschied auf die erwähnte Art messen, oder einen Winkel von 117° zeichnen, indem man mit 57 mm einen Bogen beschreibt, auf diesen zweimal 57 mm (als Sehne) abträgt und zuletzt 3 mm nach entgegengesetzter Richtung abmisst. Kann man grosse Figuren machen, dann wird es rathsam sein, einen Kreis zu benützen, auf dem 1° die Länge von 2 mm hat, oder der Halbmesser 720 mm : 2 π d. s. nahezu 114$^{1}/_{2}$ mm lang ist; es sind dann immer doppelt soviele Millimeter als Grade zu nehmen.

Sowie man sich vom Transporteur unabhängig machen kann, ebenso lässt sich auch leicht ein Ersatz für die Tafeln trigonometrischer Functionen (oder deren Logarithmen) finden: wenn keine grosse Genauigkeit gefordert wird, vertritt ein Blatt Millimeterpapier mit einem darauf verzeichneten Kreisbogen vollständig ein dickes Tafelwerk. Denn legt man einen Streifen Millimeterpapier von einer Breite $OA = 1$ dm (Fig. 36) so auf einen Winkel, dass ein Eckpunkt O in den Scheitel, die Seite OA auf einen Schenkel OM des Winkels fällt, so kann man die tang, den sin und cos des Winkels MON sofort bis auf Hundertel (und wenn man die Zehntelmillimeter abschätzt, bis zu den Tausendteln) angeben. Bekanntlich ist ja tang $x = \dfrac{AB}{OA}$, sin $x = \dfrac{CD}{OC}$ und cos $x = \dfrac{OD}{OC}$. Nun kann man aber ohneweiteres ablesen, wieviele Millimeter AB, CD und OD haben, und da $OA = OC = 100$ mm ist, so müssen tang x, sin x und cos x beziehungsweise soviele Hundertel enthalten, als auf AB, CD und OD Millimeter sind. In Fig. 36 ist $AC = 115$ mm, $CD = 75$ mm, $OD = 66$ mm, also tang $x = 1{,}15$, sin $x = 0{,}75$, cos $x = 0{,}66$. Weil bei wirklichem Millimeterpapier die ganze Fläche in Quadratmillimeter geteilt ist, wird das Zeichnen der Senkrechten CD überflüssig, CD und OD lassen sich angeben, sobald der Punkt C markiert ist.

Auch hier kann man bei grossen Figuren eine andere Einheit zugrunde legen. Nimmt man beispielsweise einen Streifen, bei welchem die Breite $OA = 2$ dm ist, dann bleibt der allgemeine Vorgang sowie vorher, nur sind die abgelesenen Millimeter in halber Anzahl als Hundertel der Functionen in Rechnung zu nehmen.

II. Theil.

Geschichte der Bildmesskunst und die photogrammetrischen Apparate.

§ 1. Überblick. Der Entwicklungsgang der photographischen Messkunst ist innig verknüpft mit den photogrammetrischen Apparaten; denn die Neuconstruction oder Verbesserung eines Apparates bedeutet zugleich einen Fortschritt der Wissenschaft; der Stand der Photogrammetrie in den einzelnen Zeitperioden wird erst klar, wenn auch die jeweilig benützten Hilfsmittel in Betracht gezogen werden. Die Geschichte der Bildmesskunst und die Beschreibung der photogrammetrischen Apparate können also ganz gut Hand in Hand gehen.

Die Bildmesskunst hat bis jetzt drei Entwicklungsperioden erlebt. Ihre Entstehung und die ersten praktischen Anwendungen fallen in eine Zeit, wo die reizend schönen und getreuen Bilder der Camera obscura noch immer mit dem Seufzer: „Wenn man dies festhalten könnte!" betrachtet wurden; die zweite Periode fällt mit der Erfindung der Photographie und der Herrschaft des nassen Collodium-Verfahrens zusammen; die dritte gegenwärtige Blüteperiode wurde durch die Einführung der Trockenplatten inauguriert und zeichnet sich durch eine allseitige Weiterausbildung und wissenschaftliche Behandlungsweise aus, die schliesslich zur Herstellung einer Reihe von Aufnahme-Instrumenten, wie auch solchen, welche den constructiven oder rechnenden Theil einer geometrischen Aufnahme besorgen, geführt hat.

I. Abschnitt.

Geometrische Aufnahmen mit Benützung perspectivischer Bilder.

§ 2. **Aufnahmen ohne Apparate.** 1. Die Bildmesskunst löst bekanntlich eine Umkehrungsaufgabe der Perspective. Die Erkennung und Befolgung der Regeln der Perspective setzt zwar eine scharfe Naturbeobachtung und eine ausgebildete Raumanschauung voraus, nichts destoweniger reicht die Entwicklung dieser Wissenschaft weit zurück; besonders eifrig wurde sie zur Zeit des berühmten Mathematikers Desargues (1593—1662) studiert. An die Umkehrungsaufgabe der Perspective scheint aber doch erst J. H. Lambert (1728—1777) gedacht zu haben. Dieser hervorragende Mathematiker und Physiker löst in seinem Werke „Freye Perspective, oder Anweisung, jeden perspectivischen Aufriss von freyen Stücken und ohne Grundriss zu verfertigen, Zürich 1759" auch die Aufgabe, aus der Perspective die Stellung des Auges und die Dimensionen des dargestellten Körpers zu bestimmen. Damit hatte er eigentlich den Grund zur Photogrammetrie gelegt. Der Gedanke, der ihm vorschwebte, scheint folgender gewesen zu sein.

Ist Fig. 1 der Punkt p das perspectivische Bild eines Punktes P der Grundrissebene und legt man durch p zwei Grade sf und SF, so kann man diese als die perspectivischen Bilder von zwei Geraden der Grundrissebene betrachten; als solche haben sie ihre Spurpunkte s und S in der Grundlinie gg, ihre Fluchtpunkte f und F in der Horizontlinie hh; ihre Richtungen sind dieselben, welche die Fluchtstrahlen Of und OF haben. Die Umlegungen der Fluchtstrahlen in die Bildebene sind O_0f und O_0F, wenn O_0 das umgelegte Auge (oder HO_0 die Bildweite) ist; folglich werden, da die Spurpunkte s und S den Originalgeraden angehören und fix bleiben, die durch s und S zu O_0f und O_0F parallel gezogenen Geraden sP und SP die umgelegten Originalgeraden vorstellen, ihr Schnittpunkt P wird somit der umgelegte Originalpunkt sein. Behält man nun s und S für beliebige andere Punkte p bei, so spielt sS die Rolle der Standlinie einer geometrischen Aufnahme.

Zur Bestimmung der Höhen empfiehlt Lambert die Beachtung der einfachen Regel: „Alle auf der Grundfläche aufrecht stehenden Linien haben von der Basis bis an die Horizontlinie gleiche Höhe. Dadurch lassen sie sich untereinander vergleichen."

2. J. H. Lambert hat zwar den Grundgedanken der Bildmesskunst richtig erfasst und ausgesprochen, ihn aber nicht praktisch
ausgenützt. Der erste, welcher perspectivische Bilder bei wirklich
durchgeführten geometrischen Aufnahmen anwendete, war der fran-
zösische Ingenieur Beautemps-Beaupré. Derselbe machte z. B.
aus perspectivischen Handzeichnungen, die er gelegentlich auf
d'Entrecasteaux' Weltreise (1791—1793) angefertigt hatte, eine Karte
von der Insel Santa-Cruz und einem Theile von Vandiemensland.
Auch später hat er das angewendete Verfahren noch wiederholt
empfohlen, so im Jahre 1835 in der von ihm verfassten Instruction

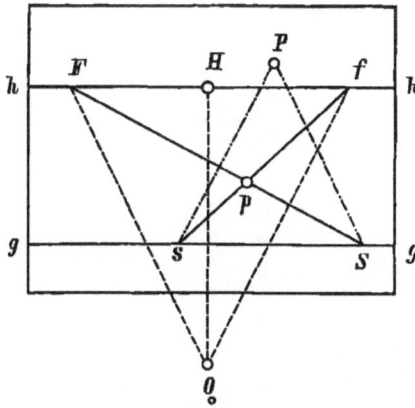

Fig. 1.

für die Weltumseglung der Fregatte Bonite und im Jahre 1846 in
seinem Berichte über die 1839—1842 von Galinier und Ferret aus-
geführten Reisen nach Abessinien.

Genaue Aufnahmen konnte die Methode von Beautemps-
Beaupré nicht liefern. Denn selbst angenommen, dass er eine richtig
gemessene Basis benützt, in den Endpunkten derselben die Visuren
nach einem markanten Objecte im aufzunehmenden Terrain unter
den wirklichen Winkeln zur Basis aufgetragen und damit die beiden
perspectivischen Bilder in den Standpunkten genau orientiert hätte:
die Resultate würden doch noch keine verlässlichen sein können,
weil es viel zu schwierig ist, eine Gegend ohne Hilfsmittel perspectivisch richtig abzuzeichnen; die kleinste Verrückung des Auges
bringt schon eine merkliche Änderung des Bildes hervor.

§ 3. Aufnahmen mit perspectivischen Bildern,
welche durch Apparate gewonnen waren. Die Methode

von Beautemps-Beaupré wurde in Frankreich besonders von
militärischer Seite mit Freuden begrüsst. Aber trotzdem sich der
Oberst Leblanc grosse Mühe gab, dieselbe im Geniecorps ein-
zuführen, konnte sie doch nicht recht heimisch werden, weil die
Anfertigung von genauen perspectivischen Handzeichnungen zuviel
Schwierigkeiten bereitete. Und es lagen doch Hilfsmittel nahe genug,
welche genauere Perspectiven liefern, als es Freihandzeichner können;
aber nicht einmal die einfache Idee, welche dem Apparate von Wren

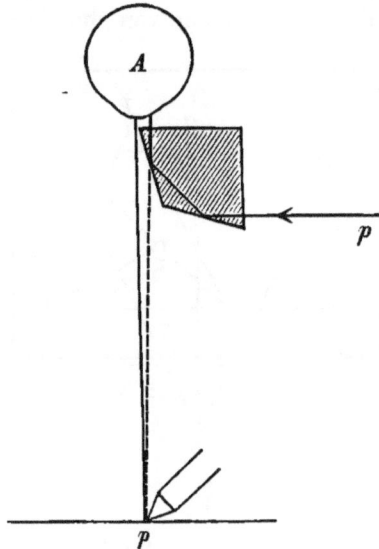

Fig. 2

zu Grunde liegt, scheint dazumal praktisch ausgeübt worden zu
sein. Bei genanntem Apparate ist nämlich ein Visir mit der verticalen Zeichnungsfläche auf primitive Art verbunden. Der Zeichenstift wird an einem storchschnabelähnlichen Rahmen befestigt, an
dessem Ende ein Zeiger angebracht ist, mit dem man vor dem
Auge über die Landschaft hinfährt.

Erst A. Laussedat (damals Genie-Major, dann Professor der
Geodäsie an der polytechnischen Schule zu Paris, später Director
des conservatoire des arts et métiers in Paris) vereinfachte
die Methode, indem er im Jahre 1854 die camera lucida von
Wollaston zur Anwendung brachte. Dieselbe besteht bekanntlich
nur aus einem drei- oder vierseitigen Prisma, Fig. 2, durch welches
einfallende Lichtstrahlen so abgelenkt werden, dass man vor sich
befindliche Gegenstände P auf dem unterhalb des Auges A liegenden

Zeichenbrette bei p erblickt, wo sie dann nachgezeichnet werden. Das Prisma ist nämlich so klein, dass man neben dem Bilde p auch noch den Bleistift sieht und ihn verfolgen kann.

Mit Hilfe von so erhaltenen Zeichnungen wurden beim Geniecorps mehrfach topographische Pläne construiert. Auf Regnault's Rath hin bediente sich endlich Laussedat der Camera obscura, dieser schon so oft bewunderten Erfindung des Neapolitaners Giambettista della Porta. (Einige schreiben die Erfindung der Camera obscura dem Benedictiner Dom Panunce zu; jedenfalls war Porta der erste, welcher (1589) die dioptrische Camera beschrieben hat.) Mit der Camera obscura wurde zugleich die Photographie bei der praktischen Messkunst in Dienst genommen, also eine Photo-Topographie geschaffen.

II. Abschnitt.

Die Photographie im Dienste der praktischen Messkunst.

§ 4. Die Methode von Laussedat. Nach vielen Versuchen gelang es Laussedat im Jahre 1858, die Schwierigkeiten zu überwinden, welche die damaligen photographischen Methoden der Verwendung der Photographie bei Terrainaufnahmen, besonders auf Reisen, entgegensetzten. Die günstigen Resultate, welche er endlich erzielte, veranlassten ihn, seine Methode im Jahre 1859 der Pariser Akademie mitzutheilen, wo sie infolge des Gutachtens der Herren Daussy und Laugier (Comptes rendus 1860) volle Anerkennung fand.

Der Apparat von Laussedat, welcher im Jahre 1867 auf der Ausstellung in Paris zu sehen war und sorgfältig überwacht wurde, bestand nach einem Berichte im „Archiv für die Officiere der königl. preuss. Artillerie- und Ingenieur-Corps vom Jahre 1868" aus einer photographischen Camera A (Fig. 3) von 16" Breite, 13" Höhe, 22" Brennweite und war diesen Verhältnissen entsprechend mit einem gewöhnlichen Landschafts-Objectiv versehen. Die Aufstellung war sehr einfach, aber nicht gerade solide auf einer Spindel E mit Dreifuss und Stellschrauben F. An der Spindel, um welche die Drehung erfolgte, war ein Horizontalkreis D von etwa 7" Durchmesser angebracht, dessen Theilung anscheinend 15 Sec. angab. Die Spindel trug oben vier kurze Arme, auf welcher die Camera mittelst Stiften und Schrauben befestigt war. Auf der linken verticalen Seite der Camera befand sich ein Fernrohr B. Dasselbe war vertical beweglich, mit einem Theilkreise bis circa 15° über und unter dem Horizont versehen, enthielt ein zusammengesetztes Fadenkreuz und trug eine sehr empfindliche Röhrenlibelle. Zur Ausgleichung des nicht unbedeutenden Gewichtes des Fernrohres mit Zubehör hatte man auf der rechten Seite der Camera ein Gegengewicht C angebracht.

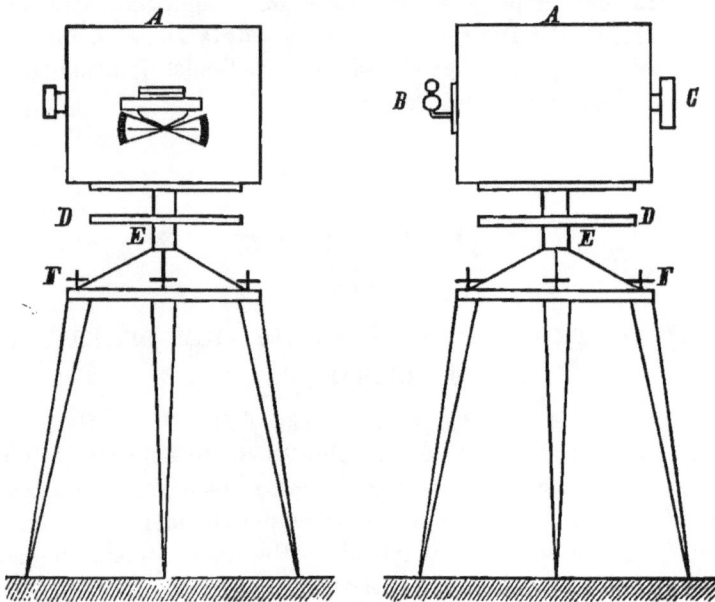

Fig. 3

Mit diesem Instrumente wurden nun die Aufnahmen in der Weise durchgeführt, dass man jede einzelne Photographie durch einen direct auf dem Kreise D gemessenen Horizontalwinkel orientierte, die Höhen aber mit Benützung des auf dem verticalen Theilkreise gemessenen Höhenwinkels berechnete.

Die Methode war also noch eine unvollkommene. Ausserdem muss auch dem Apparate deshalb eine grössere Brauchbarkeit abgesprochen werden, weil eine einfache Landschaftslinse in Verwendung stand, welche nur innerhalb eines sehr kleinen Bildwinkels — Laussedat selbst spricht von 30° — perspectivisch richtig zeichnete. Und trotzdem haben die erzielten Resultate allgemeine Befriedigung hervorgerufen. So ein Plan von Paris, im Massstabe 1:6667, der

im Jahre 1861 vollendet wurde und sich mit dem deckte, den der
Chefingenieur Emmery im Jahre 1839 ausgeführt hatte; ferner die
detaillirte Aufnahme der Stadt Grenoble, welche der vom französischen Kriegsministerium dem Major Laussedat zugetheilte Genie-
capitain Javary im Jahre 1864 durchführte. Die Aufnahme von
Faverges in Savoyen, im Massstabe 1 : 5000, welche im Jahre 1867
ausgestellt war, enthielt folgendes Renvoi: „Der Plan umfasst circa
$2^1/_2$ Quadrat-Meilen mit Höhendifferenzen von 5735', die Horizontal-
curven haben 16' Schichthöhe. Die horizontalen und verticalen
Aufnahmen sind ausschliesslich photographischen Ansichten entnommen. Einige kleine Detailaufnahmen wurden ausserdem gemacht,
um die Construction der Haupthäusergruppen zu vereinfachen und

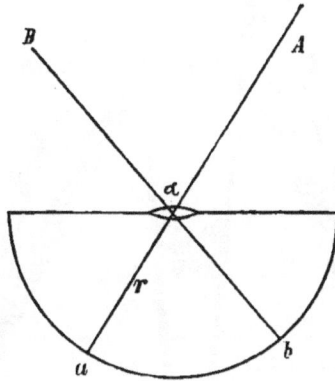

Fig. 4.

zu vervollständigen. 5000 erkennbare Punkte auf 120 Bildern,
welche der Aufnahme des Planes zu Grunde gelegen haben, sind in
ihren Höhenlagen bestimmt worden. Die äquidistanten Horizontalen
sind danach eingezeichnet unter Berücksichtigung der Terrainfor-
mation, wie sie die photographischen Ansichten zeigen. Die Arbeit
im Terrain hat 18 Tage, die des Auftragens im Fortificationsdepot
5 Monate gedauert. Alle diese Arbeiten wurden ausgeführt vom
Hauptmann Javary und Lieutenant Galibardy der Garde-Genie-
Division, attachiert dem hiesigen Fortifications-Comité.

Paris, den 9. März 1867. Gez. Laussedat."

Ausser den Genannten beschäftigten sich in Frankreich mit
geodätischen Anwendungen der Photographie: Alophe, D'Abbadie,
Jouart, Paté, Tronquoy, Carrette, Wiganowsky, Mouchez.

§ 5. Die ersten Panoramenapparate. 1. Der grösste Übelstand bei La'u'ssedat's Instrumente war der kleine brauchbare Bildfeldwinkel. Dies gab Veranlassung zur Construction der soge-

Fig. 5.

nannten Panoramenapparate und brachte z. B. den Kupferstecher Martens in Paris (1847) auf die Idee, Bilder mittelst einer drehbaren Camera herzustellen, welche Bilder er auf einer cylinderisch gebogenen Daguerreotyp - Platte auffing. Da bei Aufnahmen auf grössere Entfernungen der Abstand der beiden Knotenpunkte des Objectives vernachlässigt werden kann, so werden alle Objectpunkte ihre Bilder trotz Drehung des Objectives stets an derselben Stelle haben, wenn die Drehung um den zweiten Knotenpunkt erfolgt. Die Bewegung wird dann keine Unschärfe zur Folge haben; umsoweniger, wenn vor dem Objective eine schlitzartige Blende angebracht wird.

Derlei Cylinderbilder bieten nach Fig. 4 den grossen Vortheil, dass der Horizontalwinkel α zwischen zwei Punkten A und B sofort abgelesen werden kann. Es besteht die Proportion $\alpha : 180^0 = ab : \pi r$, wenn r der Halbmesser der Cylinderfläche ist. Der Winkelabstand kann auch gefunden werden, indem man berechnet, wie gross der Bogen für 1^0 werden muss und diese Bogenlänge als

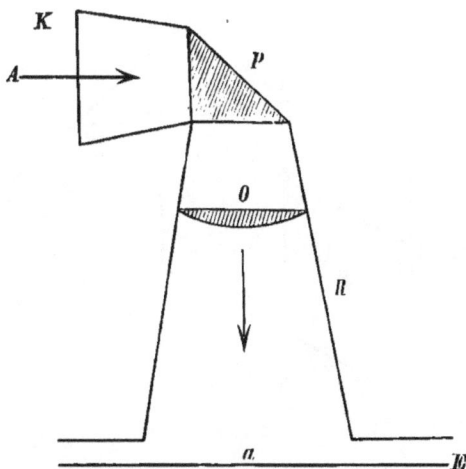

Fig. 6.

Masseinheit einführt. Ebenso können die Höhenwinkel leichter als bei ebener Bildfläche gefunden werden, weil die rechtwinkeligen Dreiecke, denen sie entnommen werden, alle dieselbe Kathete r haben und bloss die zweiten Katheten verschieden, nämlich der Höhe des jeweiligen Bildpunktes über der Horizontlinie gleich sind. Nur ein grosser Übelstand ist vorhanden: die gebogene empfindliche Fläche, mit der schwer zu manipulieren ist. Dieser Apparat verschwand deshalb auch sehr bald, desgleichen andere, bei denen ein complicierter Mechanismus ein gleichmässiges Weiterschieben von Objectiv und ebener Platte bewirken musste.

2. Einer der merkwürdigsten Panoramenapparate ist der sogenannte „Photographische Messtisch“, welchen A. Chevalier im Jahre 1858 construiert und seither wiederholt verbessert hat. Fig. 5

zeigt denselben in einer älteren Ausführung*), in welcher er seinerzeit sehr beliebt und in der französischen Armee stark verbreitet
war. Bei diesem Instrumente werden die durch eine horizontale Kappe
K (oder auch ein Linsensystem) einfallenden, vom Objecte A kommenden
Lichtstrahlen (Fig. 6) an einem rechtwinkeligen Prisma P in einem
verticalen Rohre R nach abwärts reflectiert und erzeugen, nachdem
sie eine Objectivlinse O passiert haben, auf der horizontal liegenden
Platte E ein Bild a.

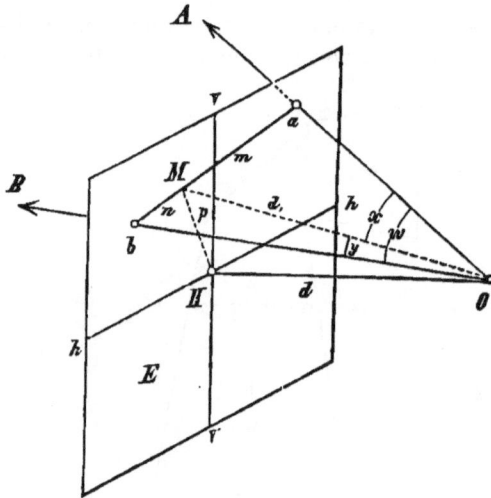

Fig. 7.

Bei der photographischen Aufnahme wird die horizontale Kappe
K sammt dem verticalen Rohre R durch ein Uhrwerk in Rotation
versetzt, so dass sich ein vollständiges Panorama abbildet. Die Bilder
sind aber verzerrt, weil alle verticalen Geraden zum Mittelpunkte
gerichtet sind, und unscharf, weil sie trotz der vom Mechaniker
D u b o s q angebrachten Blendenvorrichtung theilweise sich decken.

Die geometrische Aufnahme erleichtert der Apparat ungemein.
Das Instrument ist leicht zu handhaben, man erhält mit einer Aufnahme gleich eine ganze Rundsicht, man braucht die Bildpunkte
auf keine Horizontale zu projicieren, sondern erhält die Visuren
Auch als Strahlen, die vom Mittelpunkte zum Bildpunkte gehen.
schon zeichnet sich der Horizont mit ein; andere Höhen können aber
nicht bestimmt werden.

---

*) M. A. J o u a r t: Application de la photographie aux levés militaires.
Paris 1866.

§ 6. Ältere Aufnahmen mit geneigter Bildebene.
In Frankreich wurden sogar schon frühzeitig Aufnahmen mit geneigter Camera in den Kreis der photogrammetrischen Versuche und wirklichen geometrischen Aufnahmen einbezogen. Im Jahre 1865 berichteten Th. Pujo und Th. Fourcade (Les Mondes 1865, No. 4), dass sie schon drei Jahre mit Erfolg nach einer Methode gearbeitet hätten, die ebenso gut für verticale als auch für schiefe Bildebenen anwendbar sei. Sie hatten eine „Photographische Goniometrie" geschaffen, deren Formeln nicht nur vielfach mit den jetzt gebräuchlichen (III. Th., II. Abschn.) identisch sind, sondern auch Aufgaben umfassen, denen man gegenwärtig weniger Aufmerksamkeit schenkt, wie z. B. dem sogenannten excentrischen Winkel w, das ist der Winkel, welcher zwischen zwei beliebigen Sehstrahlen (OA und AB) im Raume liegt. (Fig. 7.) Derselbe ergibt sich, wenn auf der Photographieebene E vom Hauptpunkte H eine Senkrechte HM zur Bildstrecke ab gezogen wird, als Summe der Winkel $x = aOM$ und $y = MOb$. Nun ist aber, wenn $OH = d$, $OM = d_1$, $aM = m$, $Mb = n$, $HM = p$ und $ab = l$ gesetzt wird: $\tan x = \dfrac{m}{d_1}$, $\tan y = \dfrac{n}{d_1}$, daher $\tan (x + y) = \tan w = \dfrac{d_1 (m + n)}{d_1{}^2 + mn}$ $= \dfrac{d_1\, l}{d_1{}^2 + mn}$, in welcher Formel $d_1{}^2 = d^2 + p^2$ ist.

Bei schiefer Bildebene benützen sie nun einerseits die für den excentrischen Winkel abgeleitete Formel, andererseits führen sie noch als Hilfswinkel jenen ein, welcher die durch das optische Centrum gehende Verticale mit der Bildebene einschliesst, also einen dem Höhen- oder Tiefenwinkel der optischen Achse gleichen Winkel.*)

§ 7. Die Anfänge der Photo-Topographie in Italien.
In Italien wurden schon im Jahre 1855 Versuche gemacht, die Photographie bei geodätischen Arbeiten anzuwenden; diese ersten Versuche sind also eigentlich älteren Datums als die rein photogrammetrischen Aufnahmen in Frankreich. Prof. Porro war es, der die Photo-Topographie unter dem Namen „fotografia sferica" einbürgern wollte. Er hatte sich einen eigenen Apparat zusammengestellt, eine Camera mit sphärischer Bildfläche und einem Kugelobjectiv (Kugel mit Wasser gefüllt), welches dem später von Sutton construierten ähnlich ist.

Nach dem frühen Tode des genialen Porro wurde die Photo-Topographie nur noch im militär-geographischen Institute gepflegt und

---

*) Photographische Correspondenz 1865.

wiederholt zur Unterstützung geometrischer Aufnahmen angewendet, z. B. von Lieutenant M a n z i M i c h e l e bei Aufnahmen in den Abruzzen im Jahre 1875, auf der Hochebene des Mont - Cenis im Jahre 1876, u. a. m., bis auf die Initiative des Generals F e r r e r o hin die Sache seit 1878 mit Energie betrieben wurde und nun zu den schönen Resultaten führte, welche die Photo-Topographie gegenwärtig in Italien aufzuweisen hat. Sieh § 12.

§ 8. Die Photogrammetrie*) in Deutschland. Wohl ist die Photographie in Deutschland nicht so frühzeitig bei der praktischen Durchführung geometrischer Aufnahmen angewendet worden wie in Frankreich und Italien, jedenfalls sind aber die bezüglichen Ideen nicht auf fremdländische Anregungen zurückzuführen, sondern eigener Eingebung zu verdanken. Schon in der Zeit als in Frankreich die ersten Berichte über photo-topographische Aufnahmen erschienen (Bulletin de la Soc. Franc. de Phot. Märzheft 1865), hatte der preussische General von A s t e r ähnliche Vorschläge gemacht, ein schriftliches Elaborat über diesen Gegenstand wurde aber erst im März des Jahres 1866 dem königl. preuss. Kriegsministerium vom damaligen Bauführer (jetzt Regierungs- und Baurath) A. M e y d e n b a u e r vorgelegt. Diese Denkschrift, welche in allgemeinen Zügen eine Theorie aufstellte, wie Terrain- und Architektur-Aufnahmen mit Hilfe der Photographie auszuführen seien, wurde zwar gleich der königl. General-Inspection des Ingenieur-Corps und der Festungen zur Begutachtung übersandt, eine Erprobung des darin Gesagten konnte aber wegen der Kriegsereignisse des Jahres 1866 erst im Sommer 1867 vorgenommen werden. M e y d e n b a u e r soll schon im Jahre 1858, als er bei der Aufnahme des Domes in Wetzlar beschäftigt war, selbständig auf den Gedanken gekommen sein, bei Architekturaufnahmen an Stelle der mühsamen und oft lebensgefährlichen Messungen am Originalwerk die Messungen auf der Photographie zu setzen; im Jahre 1865 soll er beim Anblicke zweier verschiedenen Ansichten derselben Bergspitze die Möglichkeit, solche . Messungen bei Terrainaufnahmen anzuwenden, erkannt haben; die Arbeiten von L a u s s e d a t lernte er erst auf der Pariser Weltausstellung (1867) kennen. Die Aufnahmen, welche daselbst ausgestellt waren, blieben aber schon hinter jenen zurück, welche M e y d e n b a u e r im Sommer 1867 gemacht hatte. Diese besseren Erfolge

---

*) In dem ersten Aufsatze von M e y d e n b a u e r (Zeitschrift für Bauwesen 1867 S. 61) wird der Ausdruck „Photometrographie" gebraucht, der Name „Photogrammetrie" tauchte erst später auf.

waren grösstentheils deshalb ganz begründete, weil in Deutschland gleich von vornherein ein guter Apparat in Verwendung genommen wurde, nämlich der nach M e y d e n b a u e r s Angaben gebaute „P h o t o - g r a p h i s c h e T h e o d o l i t." Seine Überlegenheit gegenüber L a u s s e - d a t's Instrumente sicherte schon das verwendete Objectiv. Dasselbe war ein von E. B u s c h in Rathenow construiertes Pantoscop - Objectiv, eine Linsencombination aus zwei ganz gleichen achromatischen

Fig. 8.

Doppellinsen mit so stark gekrümmten convexen Flächen, dass die beiden Linsen bei ihrer Auseinanderstellung Theile einer Kugel sind. Zwischen den Linsen stand eine Blende von circa $^1/_8$" Weite, die Brennweite war 9·656". Dieses Objectiv hat die grossen Vortheile, dass es selbst bei einem Bildwinkel von 105° noch perspectivisch richtige und gleichmässig klare Bilder zeichnet und nicht für jede Aufnahme eingestellt zu werden braucht. Dementsprechend besteht auch der photographische Theodolit nach Dr. Stolze[*]) aus einer festen Metallcamera, in welcher die Cassette mit der empfindlichen Platte eine constante Lage einnimmt. (Fig. 8.) Vorn trägt die Camera einen stellbaren Deckel zum Abblenden des Himmels, innerhalb ist

---

[*]) Das Licht im Dienste wissenschaftlicher Forschung. Von S. Th. Stein. II. Band. W. Knapp 1888. 2. Auflage.

ein Fadenkreuz gespannt, welches dicht vor der empfindlichen Platte schwebt, damit es auf der Photographie mit abgebildet wird. Der Kreuzungspunkt der Fäden liegt in der optischen Achse des Instruments, der Horizontalfaden markiert die Horizontlinie, der Verticalfaden die Hauptverticale. Gegenwärtig werden diese zwei Linien nurmehr durch ihre Endpunkte (als Einschnitte in den Auflagern) markiert Die Camera ruht auf einem Messtischstativ mit einer Messingplatte, welche durch drei verticale Stellschrauben horizontal gestellt werden kann. Die Messingplatte ist von zwei beweglichen Ringen umschlossen, welche durch Klemmschrauben an der Platte befestigt werden können; der äussere hat eine Mikrometerschraube zur feinen Horizontalbewegung. Auf dem innern Ringe ist die Peripherie in sechs gleiche Theile getheilt, auf dem äussern geben zwei Theilstriche einen Durchmesser an, man kann also leicht sechs Aufnahmen machen, die sich regelmässig um den Aufstellungspunkt gruppieren und eine ganze Rundsicht abbilden. Dabei hat man noch nicht die volle Öffnung des Objectives ausgenützt, die erhaltenen Bilder übergreifen sich vielmehr; ein Umstand, der für die Construction des Grundrisssechseckes sehr vorheilhaft ist. Auf der Geraden, in welcher sich zwei Nachbarbilder schneiden, müssen in beiden Photographien dieselben Punkte in gleichem Grössenverhältnisse und in demselben Abstande vom Verticalfaden sich abbilden und dieser Abstand ist gleich der Bildweite dividiert durch $\sqrt{3}$. Infolge dieser regelmässigen Gruppierung ist überdies mit der Orientierung einer Platte auch die Orientierung der ganzen Rundsicht gewonnen. Die sonstigen Constructionen gleichen denen, welche im I. Theile entwickelt wurden.

Der photographische Theodolit hat sich schon vielfach in vorzüglicher Weise als gutes Messinstrument bewährt. Gleich der erste Versuch, welchen Meydenbauer im Sommer des Jahres 1867 in Verbindung mit dem preussischen Generalstabe gemacht hat, war ein äusserst gelungener. Es handelte sich damals um die Aufnahme des Städtchens Freiburg an der Unstrut und der Stadtkirche daselbst. Die sämmtlichen Arbeiten im Freien waren in vier Tagen beendet, die für die Aufnahmen der Stadtkirche nöthigen photographischen Bilder wurden in 2 Tagen aufgenommen. Die Construction des ganzen Planes dauerte drei Wochen. Der Plan war im Massstabe 1 : 1000 entworfen und umfasste einen Terrainabschnitt von $^1/_{25}$ Quadratmeile; er wurde photographisch auf den Massstab 1 : 5000 reduciert. Er zeigte eine grosse Zahl von Details, die sämmtliche aus den photographischen Bildern construiert worden waren. Für die Horizontalen hatte man etwa 300 Höhenpunkte berechnet. Hierbei sowohl, als auch in allen andern Abmessungen hat die Methode eine sichere Controle in sich selbst nachgewiesen.

Weniger gute Erfolge erzielte die Photogrammetrie im deutsch-französischen Kriege (1870), wo sie zur Aufnahme belagerter Festungen Verwendung finden sollte Die Schuld lag aber nicht in der Methode, sondern in anderen Umständen, als eilig zusammengestellte und ungenügend erprobte Apparate, nicht hinreichend eingeweihte Arbeitskräfte, verspätetes Eintreffen, u. a. m.

Die späteren Aufnahmen, welche Dr. Meydenbauer im Jahre 1873 im Reussthale und im Jahre 1876 in Coblenz gemacht hat, fanden wieder verdiente Anerkennung. Dr. Meydenbauer wurde deshalb behufs Abhaltung einer Anzahl von Vorträgen vom Cultusministerium im Jahre 1880 an die technische Hochschule nach Aachen, im Jahre 1882 an das entsprechende Institut nach Berlin gesendet.

Im Sinne Meydenbauers hat Dr. Stolze im Jahre 1878 die älteste Moschee Persiens (Mäsdjid i Djumäh in Shiraz), und die Ruinen von Persepolis nnd Pasargadae aufgenommen.

§ 9. Methode von Jordan. In der ersten Periode der Bildmesskunst wurden die gewöhnlichen photographischen Apparate nicht für verlässlich genug gehalten und deshalb nur selten bei geometrischen Aufnahmen verwendet. Bloss der bekannte Geometer Dr. W. Jordan machte von gewöhnlichen Photographien, welche der Photograph Remelé aufgenommen hatte, Gebrauch, um gelegentlich der im Winter 1873/74 unter der Führung von Gerhard Rohlfs in die Lybische Wüste unternommenen Expedition einen Plan von der Oase Dachel und der Stadt Gassr-Dachel zu entwerfen.*)

Bei dieser Aufnahme wurden behufs Orientierung einer Photographie von je drei Punkten die Azimuthe φ (die Horizontalwinkel zwischen dem Sehstrahle und einer festen Richtung im Raume z. B. der Nordlinie) und von je zweien die Höhenwinkel h gemessen. Auf Grund dieser Angaben kann man die einzelnen Photographien nach den im I. Theile § 11 angegebenen Verfahren orientieren; W. Jordan rechnete aber ungefähr wie folgt.

Wie Fig. 9 zeigt, hat man für jeden Punkt die Gleichung $x = d$ tang a, also für die drei Punkte, welche in Betracht ge-

---

*) Zeitschrift für Vermessungswesen. Dr. W. Jordan. Stuttgart, Wittwer. 1876, V. Bd. 1. Heft.

zogen wurden: $x_1 = d \operatorname{tang} \alpha_1$, $x_2 = d \operatorname{tang} \alpha_2$, $x_3 = d \operatorname{tang} \alpha_3$.

Daraus folgt $x_2 - x_1 = d(\operatorname{tang} \alpha_2 - \operatorname{tang} \alpha_1) = d \dfrac{\sin(\alpha_2 - \alpha_1)}{\cos \alpha_1 . \cos \alpha_2}$ und

$x_3 - x_2 = d(\operatorname{tang} \alpha_3 - \operatorname{tang} \alpha_2) = d \dfrac{\sin(\alpha_3 - \alpha_2)}{\cos \alpha_2 . \cos \alpha_3}$. Da die Unterschiede $x_2 - x_1 = u_1$ und $x_3 - x_2 = u_2$ auf der Photographie gemessen werden können, die Differenzen $\alpha_2 - \alpha_1$ und $\alpha_3 - \alpha_2$ aber aus den gemessenen Azimuthen sich ergeben, nämlich $\alpha_2 - \alpha = \varphi_2 - \varphi_1 = v_1$ und $\alpha_3 - \alpha_2 = \varphi_3 - \varphi_2 = v_2$ ist, so hat man die Gleichung $\dfrac{u_1}{u_2} = \dfrac{\sin v_1}{\sin v_2} \dfrac{\cos \alpha_3}{\cos \alpha_1}$, aus welcher man $\dfrac{\cos \alpha_3}{\cos \alpha_1}$ berechnen kann. Wird

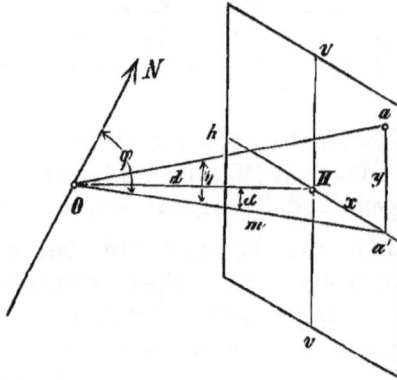

Fig. 9.

nun $\dfrac{\cos \alpha_3}{\cos \alpha_1} = \operatorname{tang} \beta$ gesetzt, so weiss man, dass $\operatorname{tang}(45+\beta) =$

$\dfrac{1 + \operatorname{tang} \beta}{1 - \operatorname{tang} \beta} = \dfrac{\cos \alpha_1 + \cos \alpha_3}{\cos \alpha_1 - \cos \alpha_3} = \dfrac{\cos \frac12(\alpha_1 + \alpha_3) \cos \frac12(\alpha_1 - \alpha_3)}{\sin \frac12(\alpha_1 + \alpha_3) \sin \frac12(\alpha_3 - \alpha_1)}$

$= \operatorname{cotang} \frac12(\alpha_1 + \alpha_3) \operatorname{cotang} \frac12(\alpha_3 - \alpha_1)$ ist, weshalb daraus $\operatorname{tang} \frac12(\alpha_1 + \alpha_3) = \operatorname{cotang} \frac12(\alpha_3 - \alpha_1)$. $\operatorname{cotang}(45+\beta)$ berechnet werden kann, da β aus $\dfrac{\cos \alpha_3}{\cos \alpha_1} = \operatorname{tang} \beta$ folgt und $\frac12(\alpha_3 - \alpha_1) =$ $\frac12(v_2 + v_1)$ ist. Mit $\frac12(\alpha_1 + \alpha_3)$ und $\frac12(\alpha_3 - \alpha_1)$ sind aber α_1 und α_3, sowie auch $\alpha_2 = v_1 + \alpha_1$ oder $\alpha_3 - v_2$, ferner $d = \dfrac{u_1 \cos \alpha_1 \cos \alpha_2}{\sin v_1}$ oder $\dfrac{u_2 \cos \alpha_2 \cos \alpha_3}{\sin v_2}$ und x_1, x_2, x_3 gefunden, somit Hauptverticale und Bildweite bestimmt.

Mit Benützung eines von den gemessenen Höhenwinkel h lässt sich dann auch noch die Horizontlinie und damit der Hauptpunkt H finden. Es ist $y = m$ tang $h = \dfrac{d}{\cos a}$ tang h, welcher Wert angibt, um wieviel die Horizontlinie unter dem betreffenden Bildpunkte liegt.

III. Abschnitt.

Die gegenwärtige Blüteperiode der photographischen Messkunst.

a) Die Fortschritte der Photogrammetrie in Frankreich.

§ 10. Die Methoden von Dr. G. Le Bon. Trotzdem in Frankreich die ersten photographischen Aufnahmen so grosses Aufsehen erregt hatten, wurden doch lange Zeit hindurch keine wesentlich besseren Gesichtspunkte gewonnen, als die es sind, welche den Arbeiten Laussedat's zu Grunde liegen. Erst neuerer Zeit regte sich der Geist des Fortschrittes wieder. Zunächst war es Dr. G. Le Bon, welcher bei seinen Reisen in Indien, wo er im Auftrage des Ministeriums für Unterricht archäologischen Studien oblag, die Photographie zur Bestimmung der Dimensionen von Monumenten in ausgedehntem Masse anwendete und die Photogrammetrie wieder zu Ehren brachte. In seinem Werke*) spricht er wohl auch von den alten Methoden Laussedat's (für die er nebenbei bemerkt das Prioritätsrecht gegenüber den Deutschen vertheidigt, was ganz überflüssig erscheint, nachdem Meydenbauer in seiner ersten Publication**) Beautemps-Beaupré und Laussedat erwähnt), beschäftigt sich aber zumeist mit den angeblich selbst erfundenen Constructionsverfahren, welche durch eine weise Ausnützung der perspectivischen Gesetze sich auszeichnen. Ferner beschreibt er eingehend, wie eine gewöhnliche photographische Camera in einen photogrammetrischen Apparat umgewandelt werden kann. Er bringt nämlich, wie schon im § 17 des I. Theiles erwähnt wurde, die sphärische Calotte von Goulier zwischen Camera und Dreifuss, versenkt

---

*) Les levés photographiques et la photographie en voyage. Par le Dr. Gustav Le Bon. 2 part. Paris 1889.

**) Zeitschrift für Bauwesen. Erbkam 1867 S. 61.

in das Laufbrett eine sphärische Libelle (die Kreuzlibelle verwirft
Le Bon auffallenderweise ganz) und graduiert die matte Scheibe, indem er die horizontale und verticale Mittellinie derselben von ihrem
Schnittpunkte (Null) aus genau in Millimeter theilt und auf der
ganzen Scheibe in Abständen von 1 cm zu genannten Mittellinien
Parallele zieht. Der Nutzen einer solchen Eintheilung ist leicht einzusehen; es kann bequem und schnell beurtheilt werden, ob Horizontale und Verticale parallele Bilder haben, es lassen sich die Masszahlen gewisser Strecken sofort angeben, ohne dass erst gemessen wird.

Man operiert mit einem derartig ausgerüsteten Apparate ungemein
einfach und bequem. Nehmen wir beispielsweise an, es sei die verticale Seitenfläche eines mit Verzierungen reich beladenen Monumentes geometrisch aufzunehmen. Man würde den photographischen
Apparat beiläufig vor der Mitte des Monumentes aufstellen und hori-

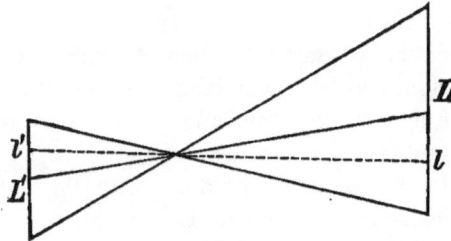

Fig. 10.

zontieren — dank der sphärischen Calotte und der eingelassenen
Libelle ist letzteres rasch möglich. Ausserdem bietet die
matte Scheibe eine Controle, da die verticalen Linien des
Monumentes entweder mit den verticalen Eintheilungslinien
der matten Scheibe zusammenfallen oder zu ihnen parallel
sein müssen. Dreht man nun die Camera so lange, bis auch alle
Horizontalen der Fläche des Monumentes als Parallele zu den horizontalen Eintheilungslinien auf der matten Scheibe sich abbilden, dann
muss nach den Gesetzen der Perspective die matte Scheibe mit der
in Rede stehenden Seitenfläche des Monumentes parallel sein, ferner
muss das Bild dem Originale ähnlich werden, also eine fertige geometrische Aufnahme vorstellen. Hat man an die aufzunehmende Fläche
einen Massstab angelegt, so ist dessen photographisches Bild zugleich Massstab der Zeichnung.

Nehmen wir an, es sei die Höhe L eines Objectes zu bestimmen, von dem man nur einen Theil l messen konnte. Fig. 10.
Wird auf das betreffende Object eingestellt, und findet man, dass L

im Bilde nur die Ausdehnung L' und l die Länge l' hat (L' und l' können auf der graduierten Scheibe direct abgelesen werden), so muss die Proportion $L : l = L' : l'$ bestehen, oder $L = l \dfrac{L'}{l'}$ sein.

Wie die Entfernung bei gegebener Grösse oder umgekehrt die Grösse aus der Entfernung bestimmt wird, wurde schon erwähnt. (I. Theil, § 30.) Ist die Grösse des Gegenstandes L, — Fig. 11 — dessen Abstand D vom Punkte A zu suchen ist, nicht bekannt, dann wird man erst messen, in welcher Grösse l das Object L bei der Aufstellung in A erscheint, ferner, wie gross das Bild l' ist, wenn man sich um die Strecke B weiter rückwärts in A' aufstellt. Da das erstemal $\dfrac{D}{L} = \dfrac{d}{l}$, das zweitemal $\dfrac{D+B}{L} = \dfrac{d}{l'}$ sein muss, so

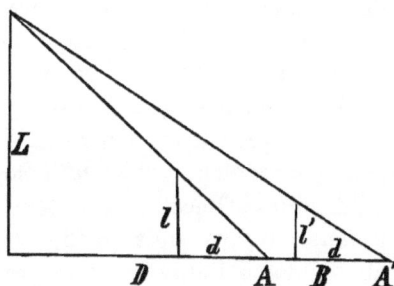

Fig. 11.

ergibt sich $D = B \dfrac{l'}{l-l'}$, wenn beidemal die Einstellungsweite d war.

Sehr einfach lassen sich im Sinne von Dr. Le Bon Distanzmessungen durchführen wenn der photographische Apparat noch mit einem Boussoleninstrument in Verbindung gebracht wird; von grösserem Interesse ist aber das von Dr. Le Bon construierte „Telestereometer". Dasselbe kann seiner Kleinheit wegen ganz unbemerkt gebraucht werden, eignet sich also besonders für geheime geometrische Aufnahmen. Le Bon hat es sich construiert, um auf seinen Studienreisen (namentlich im Oriente) unauffällig und ohne die Neugierde der Passanten oder den Verdacht der Polizei zu erwecken, gewisse Messungen vornehmen zu können. Das Instrument ist eine Combination eines kleinen photographischen Apparates mit einem Vergrösserungsglase; es hat nur die Dimensionen eines Fingers und ist wie folgt zusammengesetzt. Fig. 12. An einem Ende befindet sich ein dreiseitiges Glasprisma A, dessen eine Fläche unter 45° zu den beiden anderen rechtwinklig gestellten geneigt ist, so dass die auf eine Seite auffallenden Strahlen unter rechten Winkeln reflectiert werden. An das Prisma schliesst sich eine Blende *B* an, welche störende Randstrahlen abhalten soll. 12 mm hinter dieser Blende befindet sich ein kleines Objectiv *C*, welches nur eine Brennweite von 26 mm hat, also in genanntem Abstande, bei *D* ein Bild von den Objecten erzeugen wird, die seitwärts von *A* liegen. Statt nun bei *D* eine matte Scheibe oder eine empfindliche Platte einzulegen, ist dort ein Mikrometer angebracht, welches eine genaue Eintheilung in Zehnteln von Millimetern enthält. Das Mikrometer wurde auf photographischem Wege durch Reduction einer genauen Zeichnung gewonnen. Auf der andern Seite des Mikrometers lässt sich nun ein starkvergrösserndes Ocular — aus einer biconvexen Linse *F* von 21 mm Brennweite und einer planconvexen Linse *E* zusammengesetzt — so verschieben, dass das Bild in *D* dem Auge des Beobachters entsprechend scharf eingestellt werden kann. Es lässt sich deshalb genau abzählen, wieviele Zehntelmillimeter das Bild eines Objectes auf dem Mikrometer einnimmt oder wieviele solche Theile zwischen zwei abgebildeten Punkten liegen. Dabei braucht man das Instrument nicht auf das zu messende Object zu richten, sondern kann es, wegen des am vorderen Ende angebrachten totalreflectierenden Prismas *A*, vertical nach abwärts halten. Abgesehen davon, dass man auf diese Weise viel unauffälliger arbeitet (man betrachtet anscheinend seine Schuhe) lässt sich das Instrument so auch ruhiger und

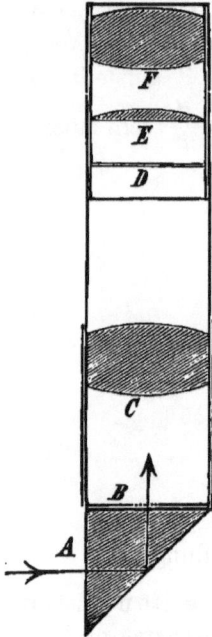

Fig. 12.

sicherer halten, man wird deshalb auch besser beobachten und abschätzen können.

Die weitere Arbeit (Construction oder Rechnung) ist geradeso wie bei einer photogrammetrischen Aufnahme, denn man hat ganz dieselben Relationen wie bei einer Camera. Beim Gebrauche des Telestereometers gehen aber zwei Hauptvorzüge der photogrammetrischen Methoden verloren: man kann das Bild nicht mit nachhause nehmen um dort ruhig zu arbeiten, und man kann nicht mit einer Beobachtung Daten über alle Punkte gewinnen, die in das Gesichtsfeld fallen. Immerhin bleibt aber das Telestereometer für alle, welche schnell und wenn nöthig im Geheimen geometrische Aufnahmen machen müssen, ein sehr brauchbares und schätzenswertes Instrument.

§ 11. Der Cylindrograph von Moëssard. Grössere
Bedeutung als die Arbeiten von Dr. G. Le Bon haben die Leistungen
des Professors der Topographie zu St. Cyr: P. Moëssard.
Man kann sich über dieselben unterrichten durch das Studium des
Werkes „Le cylindrographe."*) Der erste Theil desselben hat nur
für Photographen Interesse, der zweite bietet aber auch Topographen
eine Fülle von Anregungen. Durch die Construction eines Pano-
ramenapparates — Cylindrograph genannt — hat Moëssard eine

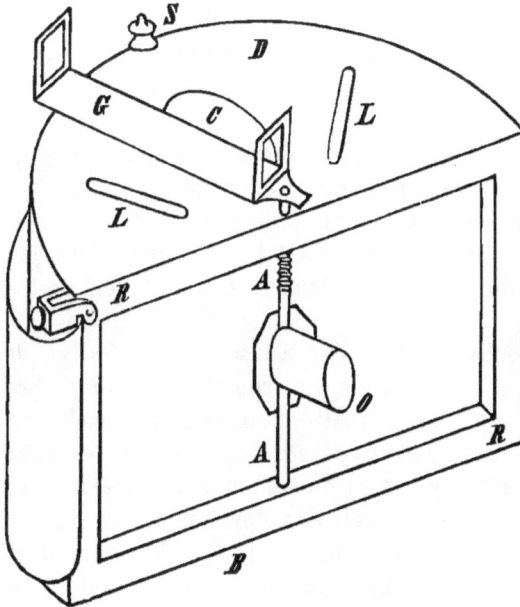

Fig. 13.

Frage glücklich gelöst, welche die Photographen und Photogrammeter
seit jeher beschäftigt hat; nämlich die, ein möglichst grosses Gesichtsfeld oder eine ganze Rundsicht auf einmal abzubilden. Der
Cylindrograph gleicht dem Panoramenapparat von Martens (§ 5),
weil er ebenfalls eine gebogene empfindliche Fläche verlangt; gegenüber anderen, wie denen von Chevalier, Johnson und
Liesegang besitzt er den grossen Vortheil, dass er nicht die Bewegung der Cassette mit der eingelegten Platte benöthigt, sondern

---

*) Le cylindrographe, appareil panoramique. Par R. Moëssard, Com-
mandant du génie breveté, attaché au service géographique de l'Armee. II. Part.
Le cylindrographe topographique. Paris. 1889. Gauthiers-Villars et fils.

nur eine Drehung des Objectives verlangt. Wie Moëssard das gesteckte Ziel bei seinem Apparate erreicht, wird sofort aus der Beschreibung desselben klar werden.

Der Cylindrograph (Fig. 13) besteht aus zwei Halbkreisen (Boden B und Decke D), welche vorn durch einen rechteckigen Rahmen R, rückwärts durch eine Schiene S in paralleler Lage erhalten werden. Die Mittellinie A des Rechteckes R ist Achse der rückwärtigen halbcylindrischen Begrenzungsfläche. An dieser Achse A ist ein Objectiv O befestigt; der Halbcylinder wird durch die empfindliche Schicht vertreten. Dieselbe Idee lag auch dem Panoramenapparate von Martens zu Grunde, dem damaligen (1845) Stande der Photographie entsprechend, wurde aber eine gebogene Daguerreotypplatte eingelegt, während Moëssard die in neuerer Zeit in Gebrauch kommenden biegsamen photographischen Platten (Häute, Films) benützen kann. Dies ist der Grund, weshalb der Cylindrograph den andern Panoramenapparaten überlegen ist.

Die zu verwendende Cassette ist aus elastischem Materiale und passt in die Nuthen, welche sich am Boden und an der Decke befinden.

Das Objectiv O ist an der Achse A so befestigt, dass es sowohl etwas in verticaler als auch horizontaler Richtung bewegt werden kann. Letzteres ist deshalb nothwendig, weil nur dann bei jeder Stellung des Objectives ein scharfes Bild in allen Partien des rückwärtigen Halbcylinders entstehen kann, wenn der zweite Knotenpunkt des Objectives während der Bewegung fix bleibt, also dieser Knotenpunkt in der Achse A liegt. Es muss deshalb das Objectiv vor dem Gebrauche des Apparates so gestellt werden, dass während der Bewegung des Objectives keine Wanderung des Bildes auf der eingefügten matten Scheibe zu bemerken ist.

Die Drehung des Objectives wird mittelst eines Handgriffes G bewirkt, der zugleich zwei Absehen trägt, die es ermöglichen, zu beurtheilen, welche Gegenstände bei der jeweiligen Stellung des Objectives sich abbilden. Zwischen Objectiv O und Rahmen R ist ein lichtdichter, doppelter Gummistoff ganz lose gespannt, damit die Bewegung des Objectives nicht gehindert wird.

Aus dem bisher Gesagten geht hervor, dass man den Cylindrographen beim gewöhnlichen Photographieren wird benützen können und durch Drehung des Handgriffes G ein Halbpanorama erhalten muss. Er lässt sich aber auch durch wenige Beigaben zu einem selbständigen photogrammetrischen Messapparate umgestalten. Zu dem Zwecke werden auf der Decke D zwei Libellen L und ein

Compass C eingelassen, damit man die Camera horizontal stellen und über die Himmelsgegenden sich orientieren kann. Dann wird vor der empfindlichen Schicht ein Rahmen eingelegt, welcher am oberen und unteren Rande Zähne trägt, die Winkelgraden entsprechen, während er am rechten und linken Rande mit Theilungen versehen ist, die Hundertel des Cylinderhalbmessers (der Brennweite des Objectives) markieren. Ferner lassen sich rechts und links Pfeile verschieben, so dass man die Horizontlinie andeuten kann, und sind am unteren Rande Läufer angebracht, welche den Anzeigen der Boussole C entsprechend in die Richtungen zweier Himmelsgegenden (z. B. Nord und Ost in Fig. 14) geschoben werden können

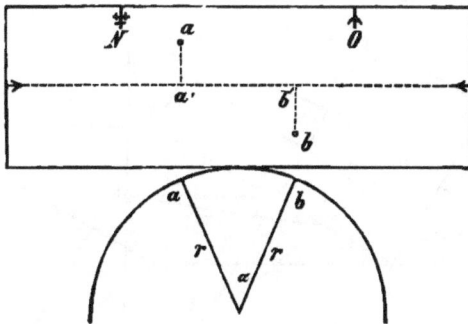

Fig. 14.

Die Photographie, welche sich ergibt, enthält alle jene Daten, die bei einer geometrischen Aufnahme in Betracht kommen. Ja, die erwähnten Angaben und mehrere andere können der cylinderischen Photographie viel leichter entnommen werden als einer gewöhnlichen ebenen Photographie. Der Horizontalwinkel α z. B. wird nach Fig. 14 dem Bogen ab proportional sein, welcher zwischen den Bildern a und b zweier Punkte liegt; bei der in die Ebene ausgebreiteten Photographie ist dies der Horizontalabstand $a'b'$. Nachdem nun die oberen und unteren Ränder der Photographie so gezahnt erscheinen werden, dass man Grade ablesen kann und auch zwei Himmelsrichtungen markiert sind, so wird man je nach Bedarf die Grösse des Winkels α oder die Abweichung irgend einer Visur von einer Himmelsrichtung gleich angeben können. Für den Höhenwinkel β hätte man $\tan \beta = \dfrac{aa'}{r}$. Da sich nun aa' an den Theilungen des rechten oder linken Randes in Hunderteln von r abschätzen lässt, so kann man $\tan \beta$ ohne weiteres anschreiben. Würde z. B. aa' 24 Theile umfassen, so wäre $\tan \beta = 0{\cdot}24$.

Der Cylindrograph erleichtert sonach die geometrische Aufnahme in jeder Hinsicht und muss als eine bedeutende Errungenschaft auf dem Gebiete der Photogrammetrie bezeichnet werden.

§ 12. **Die neueste Publication von A. Laussedat.** Der ersichtliche Aufschwung, den die Photogrammetrie gegenwärtig in den meisten Ländern genommen hat, scheint auch ihren Hauptbegründer A. Laussedat zu neuer Arbeit auf diesem Gebiete angeregt zu haben. In seiner jüngsten Note über die Construction

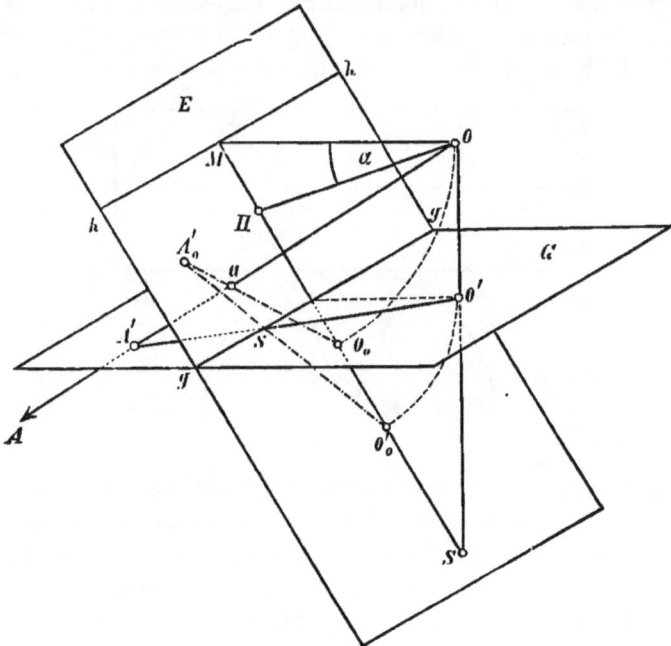

Fig. 15.*)

von Plänen nach Terrainansichten aus dem Luftballon**) beschäftigt er sich mit der Aufgabe, aus einer auf schiefer Ebene erhaltenen photographischen Aufnahme des Terrains die Projection der Gegend auf eine horizontale Ebene abzuleiten Sie wird ganz im Sinne der Lehren der darstellenden Geometrie gelöst, ähnlich einem Vorgange, welchen der Verfasser seinerzeit***) bei der Besprechung der Aufnahme einer Küstenlinie mit geneigter Camera entwickelt hat.

Ist nämlich (Fig. 15) *hh* der Schnitt einer durch den optischen Mittelpunkt *O* des Objectives gelegten horizontalen Ebene mit der

*) In der Figur 15 fehlt die Gerade *Ssa*.
**) Comptes rendus. Paris 1890. No. 20.
***) Mittheilungen aus dem Gebiete des Seewesens. 1887. 12. Heft. S. 748.

Photographieebene E, OM eine zu hh senkrechte Gerade, O' die Projection von O auf eine horizontale Grundrissebene G, welche die Photographie in der Grundlinie gg schneidet, S der Schnittpunkt der Verticalen OO' mit der Photographie, und werden O, sowie O' beziehungsweise um hh und gg in die Ebene E nach O_0 und O'_0 gedreht, so muss die Ebene, welche durch OO' und irgend eine Visur OA gelegt wurde, die Photographie in der Geraden Sa*) (Verbindungsgerade von S mit dem Bilde a von A), die Grundrissebene G in $O's$ schneiden, also die Visur OA der Grundrissebene in $O's$, das ist in A' begegnen. Nach der Drehung erscheint aber OA in O_0a und $O's$ in $O_0's$, der Schnittpunkt der Geraden O_0a und $O_0's$ muss deshalb die Umlegung A_0' von A' sein, die Zurückdrehung von $A_0's$ nach sA' demnach A' ergeben.

Um nach diesem Verfahren construieren zu können, braucht man die Linie hh, ferner die Punkte M und S. Diese werden sich angeben lassen, wenn der Hauptpunkt H, die Distanz OH und der Neigungswinkel a bekannt sind.

b) Der Aufschwung der Phototopographie in Italien.

§ 13. Der Apparat von L. P. Paganini. Wie im § 7 erwähnt wurde, hatte General Ferrero im Jahre 1878, auf die Fortschritte der Optik und Photographie hinweisend, neuerlich das Studium und die Erprobung der Phototopographie im italienischen militär-geographischen Institute angeregt. Die in den folgenden Jahren durchgeführten Aufnahmen in den Hochalpen haben nun gezeigt, dass die Bildmesskunst besonders in Gebirgsgegenden allen anderen Aufnahme-Methoden überlegen ist.

Die ·Apparate, welche bei den einzelnen Arbeiten in Verwendung standen, scheinen Jahr für Jahr verbessert worden zu sein. Der zuletzt gebrauchte Apparat (Fig. 16) wurde nach Zeichnungen des Ingeg. geografo Luigi Pio Paganini**) construiert; derselbe ist eine glückliche Verbindung und Verbesserung der Apparate von Laussedat und Meydenbauer. Er besteht der Hauptsache nach aus einem Stativ, einer photographischen Camera C und einem Theodoliten (Fernrohr F, Libelle L, Höhenkreis H). Ersteres ist sehr solid gebaut und lässt sich in drei Gebirgsstöcke zerlegen, Camera und Theodolit sind nebeneinander in unveränderter Lage auf einen gemeinsamen drehbaren Horizontalkreis K aufgestellt, mit

---

*) Siehe Bemerkung Seite 84.
**) Rivista marittima, XXII. Jahrgang 1889. Juni, Juli - August. Roma. Tipografia del Senato.

dem sie fest verbunden werden können. Die Camera hat ein starkes Gestell aus Metall und ist mit hartem, undurchdringlichen Carton überzogen. An ihrem vorderen Ende trägt sie das Objectiv O, ein Antiplanet von Steinheil mit 244·5 mm Brennweite, am rückwärtigen sind knapp vor der einzuführenden empfindlichen Platte ein Vertical- und Horizontalfaden gespannt, deren Schnittpunkt genau in der optischen Achse des Objectives liegt, so dass die sich mit abbildenden Fäden auf der Photographie den Hauptpunkt markieren.

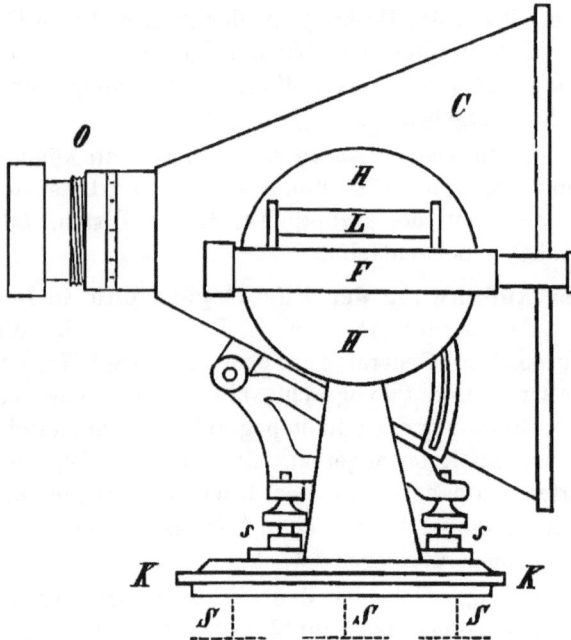

Fig. 16.

Da die Camera nicht verlängert werden kann und die Einstellungsweite selbst für grössere Entfernungen streng genommen nicht constant ist, so wurde das Objectiv verschiebbar gemacht; es lässt sich durch Drehung in einem Rohre vor- und rückwärts bewegen, und zwar rückt es mit jeder ganzen Umdrehung um 1 Millimeter in der Richtung der optischen Achse weiter. Die dadurch bewirkte Verschiebung des zweiten Knotenpunktes — der markiert ist — kann an Graduationen, welche sowohl die Längsverschiebung als die Grösse der Drehung messen lassen, bis auf Zehntelmillimeter abgelesen werden; man ist also jederzeit über die Einstellungsweite unterrichtet.

Das Instrument muss vor dem Gebrauche in mehrfacher Hinsicht rectificiert werden. Um sich davon zu überzeugen, dass der Horizontalfaden der Camera die richtige Lage hat, beobachtet man nach vorgenommener Horizontierung auf der matten Scheibe einen entfernten Punkt, dessen Bild im Schnitt der beiden Fäden liegt, und dreht dann die Camera um die verticale Achse; hierbei muss jener Punkt stets im Horizontalfaden erscheinen.

Die Längsachse des Fernrohrs wird mit der optischen Achse des Objectives parallel sein, wenn nach erreichter Horizontalität der Camera der früher beobachtete Punkt mit dem Schnittpunkte des Fadenkreuzes im Fernrohr sich deckt. Zur Vornahme einer bei diesen Beobachtungen als nothwendig erkannten Correctur dienen einerseits die drei Schrauben S, welche die Horizontalscheibe des Theodoliten stützen, andererseits jene drei Schrauben s (Fig. 16), welche die Camera tragen. In der corrigierten Lage wird sodann die Richtung der Fernrohrachse zugleich die der optischen Achse des Objectives sein; jene kann aber durch Vergleich mit der Lage des magnetischen Meridians oder einem genau bestimmten Punkte im Terrain immer angegeben werden, somit auch diese. Es ist selbst dann möglich, wenn — was der Bau des Apparates gestattet — die Camera geneigt wurde.

Die Richtigkeit der Angaben über die Einstellungsweite oder die richtige Lage der Marke für den zweiten Knotenpunkt des Objectives controliert man am besten durch die Beobachtung eines genau bestimmten Terrainpunktes aus einem ebenfalls bekannten Punkte, über welchen der Apparat aufgestellt werden kann. Liegt ersterer im Abstande D von letzterem und um h über demselben, und hat sein im Verticalfaden gelegenes Bild den Abstand y vom Horizontalfaden, so muss bekanntlich die Bildweite $d = \dfrac{D.y}{h}$ sein und dem Abstande des zweiten Knotenpunktes von der matten Scheibe entsprechen.

§ 14. Phototopographische Arbeiten. Bei der wirklichen Durchführung der phototopographischen Aufnahmen stützt sich L. P. Paganini immer auf trigonometrisch bestimmte Punkte. Sie dienen ihm nicht nur als Standpunkte, sondern auch dazu, die Photographien zu orientieren. Im allgemeinen arbeitet er ähnlich wie Meydenbauer, indem er auch in jeder Aufnahmsstation die ganze Rundsicht auf gleichmässig vertheilte Platten aufnimmt; er verwendet aber nicht sechs, sondern je zehn Photographien für eine Rundsicht und dreht deshalb den Apparat nach jeder Aufnahme um

36⁰. Bei einer solchen Anordnung sind die Bilder auf dem zu entwerfenden Plane so aufzustellen, dass ihre Grundrisse ein reguläres Zehneck bilden und einen mit der jeweiligen Einstellungsweite (circa 244·5 mm) beschriebenen Kreis berühren. Mit einer Platte würden also auch schon alle anderen orientiert sein und für jedes Panorama würde die Kenntnis der Lage eines einzigen Punktes zur Station genügen; der gegenseitigen Controle wegen ist es aber·rathsam, mehrere trigonometrisch bestimmte Punkte zu benützen. Es ergibt sich übrigens auch noch eine weitere Controle. Da nämlich die im Gebrauch stehenden photographischen Platten das Format 19×24·5 cm haben — sie werden hochgestellt — und ein horizontales Gesichtsfeld von 42⁰ abzubilden gestatten, der Centriwinkel der

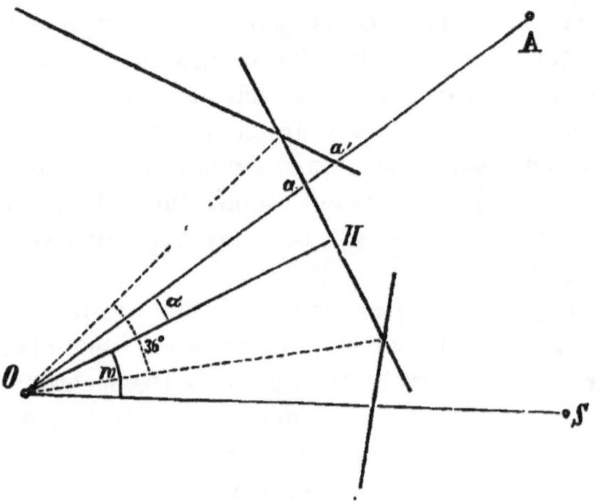

Fig. 17.

Zehnecksseite aber nur 36⁰ hat, so übergreifen einander je zwei Nachbarplatten innerhalb eines Winkels von 3⁰ oder in Streifen von circa 1·5 cm Breite. Fig. 17. Die in diesen Streifen erscheinenden Punkte sind somit doppelt vorhanden, die Grundrisse von je zwei solchen Punkten a müssen also stets in einer zum Standpunkte gehenden Geraden liegen.

Die Fig. 17, welche dies versinnlicht, zeigt auch, wie die erste Platte zu orientieren ist. O ist der Standpunkt, S der bekannte trigonometrisch bestimmte Stützpunkt, w der Horizontalwinkel, um welchen die optische Achse des Objectives von der Richtung OS abweicht und der mit dem Theodoliten gemessen wird.

Der Horizontalwinkel a für irgend einen Punkt A ergibt sich durch Uebertragung der Abcisse x aus der Photographie (siehe Fig. 9) oder nach der Formel tang $\alpha = \dfrac{x}{d}$, während der Höhenwinkel β durch Oa' und die Ordinate y oder nach der Gleichung tang $\beta = \dfrac{y}{O\,a'} = \dfrac{y}{\sqrt{x^2 + d^2}}$ bestimmt wird. Für die Höhe h des Punktes A hat man $h = OA'$ tang β, sobald A' als Schnittpunkt von Oa' mit dem entsprechenden aus einem zweiten Standpunkte kommenden Strahle gefunden ist.

Bei derartigen Aufnahmen ist die eigentliche Feldarbeit eine geringe. Nach der Wahl der Standorte begibt man sich mit dem Apparate und einer genügenden Anzahl von Platten nach und nach an die betreffenden Punkte, stellt in jedem den Apparat auf, misst je einen Horizontalwinkel w und macht zehn photographische Aufnahmen.

Die Zeichnung des Planes erfordert, dass zunächst die trigonometrisch bestimmten Punkte genau aufgetragen werden; hernach sind die gemessenen Winkel w einzuzeichnen, dann die Horizontalvisuren zu ziehen und schliesslich hat man die Höhe h zu bestimmen. Um diese drei, verhältnismässig etwas langdauernden Arbeiten schnell und sicher durchführen zu können, benützt Paganini eigene Instrumente, welche er Rapportatore, Settore und Squadro grafico nennt. Bau und Gebrauch dieser Instrumente entsprechen ganz den oben beschriebenen Constructionen; näheres hierüber bringt § 22.

Auf diese Weise sind in den Jahren 1880—1886 alle jene Theile der Graischen Alpen aufgenommen worden, wo der Messtisch infolge der Terrainbeschaffenheit weniger verwendbar war; die Blätter 6 und 7 der neuen Karte von Italien, welche die rhätischen Alpen (nämlich von Chiavenna bis Splügen) umfassen, wurden im Sommer 1887 begonnen und die Arbeit derart getheilt, dass Rimbotti mit dem Messtische den Thalboden und die Lehnen im allgemeinen bis zu Höhencurven von 2000 m, Paganini aber alles oberhalb 2000 m liegende photogrammetrisch aufnahm. Gelegentlich des IX. deutschen Geographentages (Wien, Ostern 1891) waren einige von Paganini hergestellte Karten im Massstabe 1 : 5000 der graischen und rhätischen Alpen ausgestellt, welche als das beste bezeichnet wurden, was auf diesem Felde zu finden ist.

c) Die Weiterausbildung der Photogrammetrie in Deutschland.

§ 15. Wissenschaftliche Begründung. Jahrelang scheinen in Deutschland Dr. Meydenbauer und Dr. Stolze die einzigen gewesen zu sein, welche sich ernstlich und andauernd mit der

Photogrammetrie beschäftigt haben; beide blieben dem photographischen Theodoliten und dem Constructionsverfahren mit dem regulären Sechsecke treu. Eine allgemeinere Auffassung des photogrammetrischen Problems hat erst Platz gegriffen, seit G. Hauck seine gediegene Arbeit über projectiv - trilineare Verwandschaft *) veröffentlicht hat. Die bezügliche Theorie wurde bereits im Frühjahr 1882 im Constructionssaale für darstellende Geometrie an der technischen Hochschule in Berlin auf ihre praktische Brauchbarkeit geprüft und bewährte sich. Der für die Photogrammetrie wichtigste Satz der

Fig. 18.

betreffenden Theorie ist der aus § 14, I. Th., folgende, dass zwei Projectionsfiguren (also auch zwei Photographien) desselben Objectes von den Kernpunkten aus durch perspectivische Strahlenbüschel projiciert werden, und dass die Schnittlinie der beiden Projectionsebenen (Photographien) die Achse der Perspectivität ist.

Auf Grund dieses Satzes lässt sich aus zwei beliebigen Projectionen eines Gegenstandes irgend eine dritte Projection ableiten, also z. B. auch, wie es bei der Photogrammetrie verlangt wird, aus zwei perspectivischen Bildern (Photographien) eine orthogonale Abbildung (Grundriss oder Aufriss) construieren.

---

*) Journal für reine und angewandte Mathematik, herausgegeben von L. Kronecker und K. Weierstrass. 95. Bd. 1883.

Die abgeleiteten Verfahren gewinnen noch deshalb an Bedeutung, weil ein Instrument erfunden worden ist, welches die betreffenden Constructionen mechanisch durchführt. (Siehe § 24.) Hauck sagt diesbezüglich: „Während es bisher der praktischen Geometrie nur in der Weise möglich war, Curven aufzunehmen, dass man einzelne Punkte derselben einvisierte und festlegte, welche man durch einen stetigen Linienzug aus freier Hand verbinden musste, stellt die photogrammetrische Methode nunmehr mit Hilfe des in Rede stehenden Apparates die Möglichkeit in Aussicht, Curven in ihrem ganzen continuierlichen Verlaufe unmittelbar aufzunehmen. Erst hierdurch dürfte die Photogrammetrie ihre volle Leistungsfähigkeit gewinnen."

Ein weiterer Vortheil erwächst der Photogrammetrie aus jenen Methoden auch dadurch, dass sie bei Photographien in geneigten Ebenen ebenso anwendbar sind, wie bei solchen in verticalen oder horizontalen Ebenen. (Siehe § 26.)

§ 16. Der Apparat von Dr. Vogel und Prof. Doergens. Die Gedanken, welche Prof. Jordan in seiner Publication (§ 9) niedergelegt hat, blieben nicht ohne Frucht; der Apparat von Dr. Vogel und Prof. Doergens*) dürfte jenen Anregungen zu verdanken sein. Derselbe ist eine gewöhnliche aber sehr gut gearbeitete Camera mit Auszug (von Stegeman in Berlin hergestellt), welche mit den für Messungszwecke nothwendigen Einrichtungen und Zuthaten (I. Th. §§ 20—24) versehen ist. Fig. 18 und 19.**)

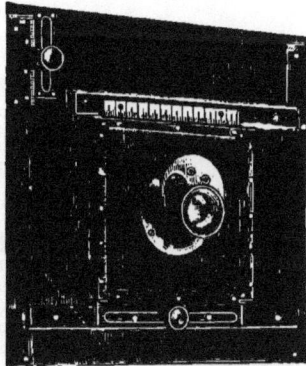

Fig. 19.

Die Bildweite für die verschiedenen, durch Drehung des Knopfes K auf den Zahnstangen Z bewirkten Einstellungen wird an einem längs der Zahnstange liegenden Massstabes unter Benützung des Nonius n abgelesen, nachdem die Einstellung durch die Mutter M festgeklemmt ist.

Horizontlinie und Hauptverticale werden durch vier Marken m angegeben, welche an einem Rahmen r so befestigt sind, dass sie

---

*) Photographische Mittheilungen 1884.

**) Dieselben sind dem Werke „die Photogrammetrie oder Bildmesskunst von Dr. C. Koppe, Weimar 1889. K. Schwier" entnommen.

Endpunkte von zwei aufeinander senkrecht stehenden Geraden sind. Die Marken *m* haben scharfe Einschnitte, sind drehbar und können mit den Hebeln *h* an die Platte angedrückt werden. Um die Verschiebung des Objectives im verticalen und horizontalen Sinne messen zu können, sind auch am Objectivbrett Metallmassstäbe angebracht worden.

Die Horizontalstellung der Camera wird entweder durch die Dosenlibelle *l*, welche in das Holz eingelassen ist, oder wenn die Camera auf einem Messtische ruht, durch die Kreuzlibellen bei *L* controliert.

Fig. 20.

Die Bildebene kann sowohl um die horizontale Achse *AA*, als auch um die bei *v* aufruhende verticale Achse gedreht werden; hierzu dient einerseits die Pressschraube bei *R*, andererseits die Metallführung bei *f*.

Der Apparat ist seiner leichten und handlichen Construction wegen für photogrammetrische Arbeiten auf Studienreisen vorzüglich geeignet.

§ 17. Der Phototheodolit von Dr. C. Koppe. Einen warmen Verehrer hat die Photogrammetrie neuerer Zeit gefunden in Dr. C. Koppe, Professor an der technicshen Hochschule zu Braunschweig, welcher sich bereits durch die Bestimmung der Achse des Gotthardtunnels einen Namen gemacht hat. Sein Buch*) dürfte der Bildmesskunst manchen Freund gewinnen; es bietet Theoretikern und Praktikern des Interessanten genug. Man findet in demselben eine ausführliche Entwicklung und Begründung der Aufnahmen mit verticaler, horizontaler und schiefer empfindlicher Fläche, das Wissenswerteste über Objective, eine detaillierte Beschreibung der wichtigsten photogrammetrischen Apparate, vollständig durchgeführte Beispiele

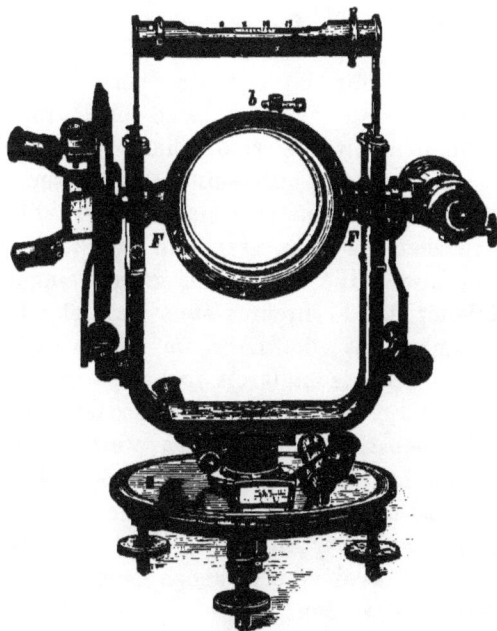

Fig. 21.

über die Bestimmung der Bildweite, einiges über die Fehlerquellen und ihren Einfluss und schliesslich eine complete photogrammetrische Aufnahme vom Rosstrappfelsen im Harz mit Photographien und Plänen.

Was die Theorie betrifft, so bekennt sich Koppe als Anhänger der Rechen-Methoden. Er bezieht die Punkte der Photographie auf das durch Horizontlinie und Hauptverticale fixierte Coordinaten-

*) Die Photogrammetrie oder Bildmesskunst. Weimar 1889. Verlag der deutschen Photographen-Zeitung (K. Schwier).

system und berechnet aus den bezüglichen Coordinaten und der Bildweite gewöhnlich den Horizontal- und Verticalwinkel des Visirstrahles.

Von grösserer Wichtigkeit ist es, dass Koppe einen Apparat construierte — er nennt ihn Phototheodolit — der für mannigfache Messungszwecke (geodätische und astronomische) sehr brauchbar zu sein scheint. Dieser Phototheodolit (Fig. 20 und 21) ist ein Instrument, bei dem ein Theodolit und eine photographische Camera so zu einem Ganzen vereinigt sind, dass sie eine gemeinsame horizontale und eine verticale Drehachse haben, und beide Theile gleichzeitig dieselben Horizontal- und Verticalwinkel beschreiben. Das Instrument ist eigentlich ein Theodolit mit excentrischem Fernrohr, dem man zwischen Höhenkreis und Fernrohr eine photographische Camera eingefügt hat. Zu dem Zwecke ist die horizontale Drehachse in der Mitte erweitert und conisch ausgedreht. In dieser Höhlung wird die Camera festgehalten, indem vier starke Federn f die Camera fest an die Auflagerflächen FF anpressen und die Stellschraube b einen Anschlagestift berührt. Die Achse der genau eingepassten Metallcamera ist mit jener des Fernrohres stets parallel. Der Apparat ist mit und ohne Camera in jeder Lage im Gleichgewichte und kann nicht nur mit dem Horizontalkreis beliebig gedreht, sondern es können Camera und Fernrohr auch nach Bedarf um die horizontale Achse geneigt, ja selbst durchgeschlagen werden. Die horizontale Lage der Fernrohrachse wird mit einer Reiterlibelle controliert; an ihre Stelle kann im Bedarfsfalle eine Boussole gesetzt werden. Der Collimationsfehler, sowie der Indexfehler des Höhenkreises können durch Beobachtung in zwei verschiedenen Lagen jederzeit sicher bestimmt oder eliminiert werden.

Die Camera hat keinen Auszug, sondern die empfindliche Platte bleibt bei jeder Aufnahme in demselben Abstande vom Objective, weshalb eine einmalige genaue Bestimmung der Bildweite für immer genügt. Damit Horizontlinie, Hauptverticale und Hauptpunkt auf den Photographien angegeben werden können, ist vor der Plattenlage ein Rahmen angebracht, welcher durch Einschnitte in Centimeter getheilt ist; die mittleren Einschnitte markieren zugleich genannte zwei Linien, womit der Hauptpunkt ebenfalls angedeutet ist.

Alle Theile des Instrumentes sind transportsicher in einem Kasten verpackt, der zugleich als Dunkelkammer für den Plattenwechsel dient. Jeder Gegenstand hat in demselben seinen bestimmten Platz (insbesondere sind für belichtete und unbelichtete Platten eigene Kästchen); man kann daher manipulieren, ohne die Dinge sehen zu müssen. Das Eindringen von Licht wird verhindert, indem man über dle Hände Ärmel aus lichtdichtem Zeug stülpt, welche zwei Öffnungen des Verpackkastens genau abschliessen.*)

§ 18. Gebrauch des Phototheodoliten. An der Verwendbarkeit des Phototheodoliten zu gewöhnlichen photogrammetrischen Aufnahmen ist gar nicht zu zweifeln: es soll deshalb auch nur an einem Beispiel gezeigt werden, wie er zu Beobachtungen am Himmel sich eignet. In solchen Fällen handelt es sich hauptsächlich darum, den Höhenwinkel b des vom Standpunkte O nach dem Objecte P gezogenen Strahles zu bestimmen. Fig. 22. Nehmen wir an, ein leuchtender Punkt P (Sonne, Stern etc.) bilde sich auf der schiefen Photographieebene E in p ab. Man kann nun, wie

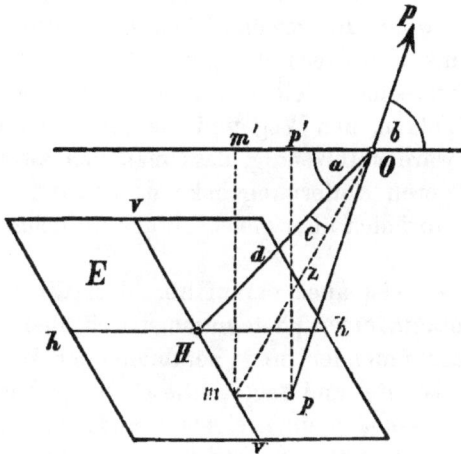

Fig. 22.

oben bemerkt wurde, den Neigungswinkel a der optischen Achse OH zum Horizonte am Höhenkreise ablesen, die Strecken $pm = x$ und $mH = y$, da die Linien hh und vv durch die mittleren Einschnitte des eingelegten Rahmens markiert sind, auf der Photographie abmessen.

Die Rechnung (oder Construction) liefert alsdann den Winkel $mOH = c$ aus der Gleichung $\tan c = \dfrac{y}{d}$, ferner $mO = z = \dfrac{d}{\cos c}$, und

---

*) Wie mir Herr Mechaniker F. Randhagen in Hannover, welcher einen Phototheodoliten nach Dr. Koppe's Angaben construiert hat, mittheilte, kommt der ganze Apparat sammt Zubehör auf 00—1000 Mark zu stehen.

da $pp' = mm' = z \sin (a + c)$, $p\,O = \sqrt{x^2 + z^2}$ ist, schliesslich:

$$\sin b = \frac{pp'}{p\,O} = \frac{z \sin (a + c)}{\sqrt{x^2 + z^2}}.$$

In diesem Sinne hat Dr. Koppe am 24. August 1888 die Sonnenhöhe von Braunschweig bestimmt. Er machte zehn Aufnahmen (alle auf eine Platte, indem er nach jeder Belichtung die Alhidade etwas drehte, die letzten fünf, nachdem das Fernrohr durchgeschlagen worden war), berechnete den Höhenwinkel als Durchschnittswert und fand mit Zugrundelegung des erhaltenen Resultates die Polhöhe $\varphi = 52^0\ 15^{.}6'$, während sie vom geodätischen Institute mit $52^0\ 16^{.}4'$ angegeben worden war. Damit ist der Beweis erbracht, dass der Phototheodolit zu Beobachtungen am Himmel und in der Atmosphäre benützt werden kann. Natürlich wird man es nur dann thun, wenn die gewöhnlichen Hilfsmittel versagen, z. B. bei der Aufnahme von Sternschnuppen, Nordlichtern u. a. m. So werden auch Metereologen leicht Anhaltspunkte über die Höhe und Bewegung der Wolken, den Weg und die Länge der Blitze gewinnen können. Dazu wäre nothwendig, dass man von zwei Punkten Aufnahmen macht, deren Entfernung bekannt ist und die telephonisch verbunden sind, um sich über gleichzeitiges Aufnehmen verständigen zu können.

Dr. Koppe weist auch darauf hin, dass die Hydrometrie mit Hilfe von Momentaufnahmen photogrammetrisch über die Oberflächengestaltungen ausströmender und herabfallender Wassermassen etc. Studien machen könnte und sagt schliesslich: „Überall da, wo die andern Messungsmethoden unzureichend sind, namentlich auch auf wissenschaftlichen Expeditionen und Reisen, kann von der Photogrammetrie ein nützlicher und vielseitiger Gebrauch gemacht werden, weshalb wir dieselbe als ein wichtiges Hilfsmittel der gesammten Messkunst bezeichnen müssen."

§ 19. Verschiedene andere photogrammetrische Leistungen. Ausser den bisher Genannten beschäftigen sich in Deutschland noch mehrere Gelehrte theils theoretisch, theils praktisch mit der Photogrammetrie. Hervorzuheben sind davon die Herren Dr. Pietsch und Dr. Finsterwalder. Einem Aufsatze des ersteren[*]) ist die interessante Thatsache zu entnehmen, dass er mit seinen Schülern schon brauchbare Aufnahmen mit geneigter Camera in freiem Luftballon gemacht hat. Die Principien der Photo-

---

[*]) Verhandlungen des Vereins zur Beförderung des Gewerbefleisses, Berlin 1886 und Zeitschrfit für Vermessungswesen. Dr. W. Jordan. 1887. 23. u. 24. Heft.

grammetrie sollen seit dem Jahre 1869 an der technischen Hochschule und an der königl. Bau-Akademie in Berlin gelegentlich,
seit 1886 als selbständiger Unterrichtsgegenstand gelehrt worden sein.

Dr. Finsterwalder hat nicht nur für die Verbreitung der
Photogrammetrie gewirkt,[*] sondern auch die Hintergraslwand
zwischen Guslar- und Vernagtferner aufgenommen und einen Schichten-
plan im Maassstabe 1 : 7500 mit 20 metrigen Aequidistanzen construiert, ausserdem auch in Gemeinschaft mit Blümcke und Hess
Vermessungen von Gletschern durchgeführt.

Dabei wurde ein Apparat verwendet, welcher sich von Meydenbauers photographischem Theodoliten nur dadurch unterscheidet
dass die eingeschobene Platte, um die constante Bildweite zu sichern,
durch einen Hebel nach vorn an drei Stifte angedrückt wird, dass,
die Camera eine einfache Dioptervorrichtung trägt, welche ein Ge-
sichtsfelde von 60° abgrenzt und dass an der Vorderseite ein Ba-
lancier — Gewicht angebracht ist, welches die einseitige Wirkung
der schweren Doppel-Cassetten aufheben soll.

Nach einer Mittheilung in der Monatsschrift „Himmel und
Erde" (Juni 1888) sind auf Veranlassung von Prof. Förster in
Berlin eine Anzahl photogrammetrischer Apparate angefertigt worden
um mit ihnen correspondierende Höhenmessungen der merkwürdigen
leuchtenden Nachtwolken von verschiedenen Stationen aus vorzunehmen.

d) Die photographische Messkunst in Oesterreich.

· § 20. Die Anfänge. Wie in anderen Ländern, so erregte
auch in Oesterreich die Photogrammetrie zuerst in militärischen
Kreisen Interesse. Im Jahre 1876 berichtete Luc. Mikiewicz
(damals Lieutenant im 9. Feld-Artillerie-Regiment) in dem Artikel
„Anwendung der Photographie zu militärischen Zwecken"[**] unter
anderen über die Erprobung des photographischen Messtisches von
Chevalier; später hat der auch bei Photographen wohlbekannte Genie-
Hauptmann (jetzt k. und k. Major) G. Pizzighelli durch seine
vortrefflichen literarischen Leistungen[***] viel zur Verbreitung der
Photogrammetrie beigetragen. Seit dem Jahre 1886 beschäftigt sich

---

[*] Bayrisches Industrie- und Gewerbeblatt. München. 1890. Polytechnischer
Verein in München. Deutscher u. östr. Alpenverein.

[**] Mittheilungen über Gegenstände des Artillerie- und Geniewesens.
7. Jahrgang 1876.

[***] Die Photogrammetrie. Mitth. über Gegenst. des Art.- und Geniewesens.
15. Jahrgang 1884 und Handbuch der Photographie. 2. Bd. Halle. Knapp. 1887.

der Verfasser theoretisch und praktisch mit der Bildmesskunst und sucht ihr durch Publicationen*) und Vorträge**) die verdiente Anerkennung zu verschaffen. Ausgedehntere praktische Verwendung fand die Photographie noch bei den Terrainaufnahmen der Ingenieure M. Maurer (Innsbruck), F. Hafferl (Wien) und des Oberingenieurs V. Pollack (Wien).†)

Es wurde dabei ein Apparat benützt, welcher dem photographischen Theodoliten von Meydenbauer nachgebildet war. Fig. 23. Auf einem Theodolitstative ruhte eine dreieckige Grundplatte mit Kreuzlibelle. Zwischen zwei Spitzen an der Grundlinie des Dreiecks als horizontale Achse war die photographische Camera mit versteiften Wänden eingesetzt. Die Rückseite derselben, beziehungsweise die Cassette oder matte Scheibe, konnte vertical gestellt werden, indem man einen Stab, welcher die Camera auf der Objectivseite trug, durch Schraubenmuttern an der Grundplatte hob und senkte. Die Horizontlinie wurde durch zwei fähnchenförmige Metallstücke markiert, welche durch Drehung zweier Stäbchen an die empfindliche Platte angedrückt werden konnten.

Fig. 23.

§ 21. Der Aufschwung in der neuesten Zeit. Trotzdem die Photogrammetrie in Oesterreich erst verhältnissmässig kurze Zeit gepflegt wird, konnte am IX. deutschen Geographentage (Wien, Ostern 1891) doch schon constatiert werden, dass dieser Gegenstand in ungeahntem Aufschwunge begriffen ist. Neue Publicationen††) zeigten, wie die

---

*) Ueber Photogrammetrie und ihre Anwendung bei Terrainaufnahmen. Mittheilungen aus dem Gebiete des Seewesens. Pola. Jahrgang 1887 u. d. folg. Ueber photogrammetrische Aufnahmen mit gewöhnlichen Apparaten. Photographische Correspondenz 1889.

**) Ueber photographische Messkunst. Organ der militär-wissenschaftl. Vereine 1888 und 1889. Photographische Rundschau 1890.

†) Ueber Photogrammetrie und deren Anwendung zu Terrainaufnahmen. Wochenschrift des österr. Ingenieur- und Architekten-Vereins. Wien 1890.

††) Prof. Schiffner: „Ueber die photogrammetrische Aufnahme einer Küste im Vorbeifahren." Mittheilungen aus dem Gebiete des Seewesens 1890. „Photogrammetrische Studien." Photographische Correspondenz 1890, 1891. „Fortschritte der Photogrammetrie." Mittheilungen aus dem Gebiete des Seewesens. 1891.

Theorie der photographischen Messkunst gefördert wurde, und aus-
gestellte Apparate gaben zu erkennen, dass man auch schon bereit ist,
Geldmittel zur Hebung der Photogrammetrie zur Verfügung zu stellen.

Unter andern war seitens der k. k. Generaldirection der

Fig. 24.

österreichischen Staatsbahnen ein Phototheodolit ausgestellt, welchen
die Firma Lechner nach Angaben des Oberingenieurs V. Pollack
(unter Mitwirkung des Ingenieurs Hafferl) gebaut hat. Fig. 24.
Bei demselben ruhen eine photographische Camera mit constanter
Bildweite und ein Theodolit auf einem Dreifussstative. Die Camera

7*

ist über einem Horizontalkreise angebracht und trägt ein verschiebbares Objectiv, sowie vier Fähnchenmarken, welche Horizontlinie und Hauptverticale andeuten. Die Verschiebung des Objectives kann an einer mit Nonius versehenen Theilung abgelesen werden, die Fähnchen lassen sich mit einer Stellschraube an die Glasplatte andrücken. Seitlich der Camera befindet sich ein Fernrohr mit Aufsatzlibelle, welches umlegbar ist und auch zum Distanzmessen benützt werden kann; seiner Schwere wegen wurde auf der anderen Seite der Camera ein Cylinder als Gegengewicht angeschraubt. *)

Auch Dr. Schell, Professor an der k. k. Hochschule in Wien, hat einen photogrammetrischen Apparat construiert (er war ebenfalls am IX. deutschen Geographentage ausgestellt), dessen Objectiv so angeordnet ist, dass dasselbe im Mittelpunkte des Statives ruht und somit centriert werden kann. Da in der Mattscheibe ein Ocular angebracht ist, kann die Camera auch zum Visieren benützt werden.

Grosse Verdienste um die Verbreitung und Weiterausbildung der Photogrammetrie in Oesterreich hat sich neuester Zeit Professor Steiner von der k. k. deutschen technischen Hochschule in Prag erworben. Sein Problem der fünf Punkte wurde schon im I. Theile § 8) besprochen. Von Nutzen für die photographische Messkunst wird besonders der Umstand sein, dass er auch seine Schüler für den Gegenstand zu begeistern sucht; sie haben ihm bereits ganz hübsche Musterbeispiele für sein noch unvollendetes Werk, **) das die Ingenieure für die Photogrammetrie gewinnen soll, geliefert. Er benützt einen gewöhnlichen photographischen Apparat, den er anstatt des Fernrohres ober dem Limbus eines Universal-Instrumentes anbringt. Mit Hilfe eines an die ausziehbare Camera zu befestigenden Bügels wird die Bildweite fixiert; zur Horizontalstellung dient eine Aufsatz-Libelle. Vor der Mattscheibe wird behufs Fixierung der Horizont- und Verticallinie ein Blechrahmen mit Spitzmarken befestigt.

Sonst wären noch als Freunde der Photogrammetrie zu nennen: Prof. Heller und Genie-Hauptmann Bock. Ersterer hat im „Verein der Techniker in Oberösterreich"***), letzterer im „Militärwissenschaftlichen Verein in Wien" einen Vortrag über Photogrammetrie gehalten.

---

*) Ueber photographische Messkunst, Photogrammetrie und Phototopographie. Vortrag von Oberingenieur v. Pollack. Mittheilungen der k. k. geographischen Gesellschaft, Wien 1891.

**) Die Photographie im Dienste des Ingenieurs. Ein Lehrbuch der Photogrammetrie vom dipl. Ingenieur Friedr. Steiner, ord. österr. Prof. I. Lieferung Wien. 1891. Lechner (W. Müller).

***) Bericht des Vereins der Techniker in Oberösterreich. Linz. 1890.

IV. Abschnitt.

Instrumente zur Vereinfachung der photo-grammetrischen Constructionen.

§ 22. Instrumente für Detailconstructionen. Die photogrammetrischen Constructionen sind dreierlei Art. Die erste Arbeit ist die, jene direct gemessenen Winkel aufzutragen, welche

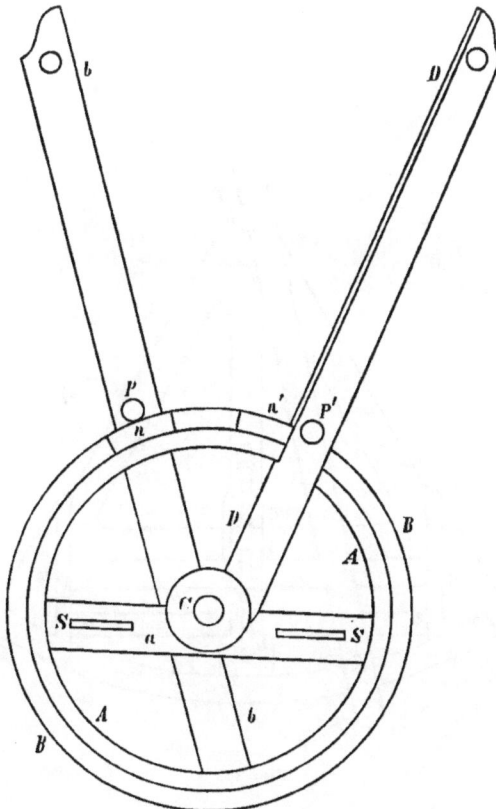

Fig. 25.

für die Orientierung nothwendig sind; man hat also Gerade zu ziehen, welche entweder die Lage der optischen Achsen oder die Visuren nach den gewählten Stützpunkten angeben. Als zweite Aufgabe reiht sich die Bestimmung der Horizontalprojectionen der darzustellenden Punkte oder das Einzeichnen der Visuren nach denselben an; zuletzt sind die Höhen der einzelnen gefundenen Punkte zu bestimmen.

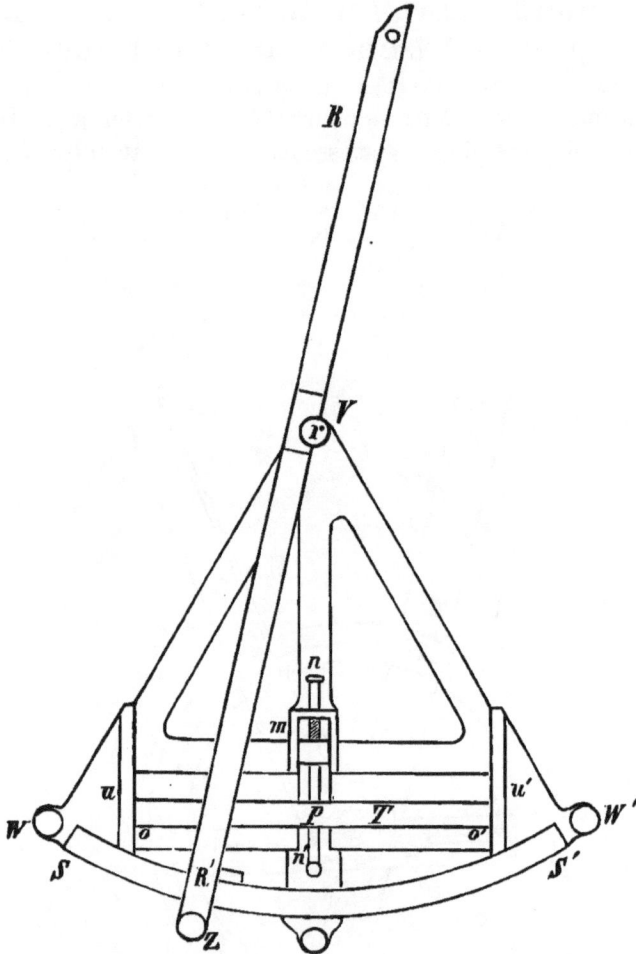

Fig. 26.

1. Für das Einzeichnen von Strahlen, welche unter gegebenen Winkeln zu zeichnen sind, eignet sich folgendes Instrument (ein Strahlen-Zieher), von dem man nicht weiss, seit wann und von wem es zuerst gebraucht wurde. Fig. 25. Von zwei an einander liegenden Kreisringen ist der eine A längs des andern B beweglich.

Letzterer ist in fester Verbindung mit dem im Mittelpunkt angebrachten Ringe C, so dass A und B einheitlich durch Bewegung der
Metallplatte a, die bei S Griffe hat, gedreht werden können. Der
innere Ring A ist in Grade getheilt, der äussere B trägt bei n
einen Nonius, dessen Nullstrich mit der Kante des Lineals b correspondiert. Die Pressschraube P dient zum Anhalten des inneren
Ringes auf dem äusseren. Die Alhidade D, welche um C rotiert,
hat bei n' einen Nonius und kann durch die Pressschraube P' auf dem
äusseren Ringe festgehalten werden. Der Gebrauch des Instrumentes
ist leicht einzusehen, ebenso seine Verwendbarkeit: es addiert und
subtrahiert die Winkel zwischen den verschiedenen Directionen und
ermöglicht ein scharfes Ziehen der Visuren.

    2. Als nächste Arbeit wurde die bezeichnet, aus den orien-
tierten Photographien die Sehstrahlen nach den abgebildeten Punkten
abzuleiten. Eine solche Visur hat bekanntlich immer die Lage der

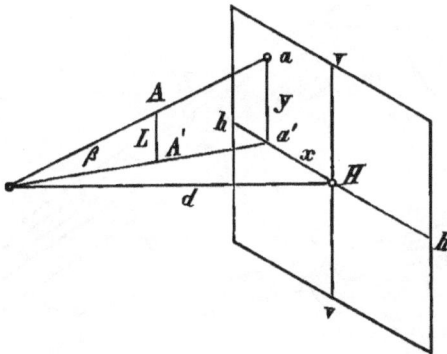

Fig. 27.

Hypotenuse eines rechtwinkligen Dreieckes, dessen eine Kathete constant und der Bildweite gleich ist, während die andere veränderlich
und gleich dem jeweiligen Abstande des Bildpunktes von der Verticallinie ist. Die genannte Hypotenuse liegt auf einer Geraden,
welche auch erhalten wird, wenn jene zwei Katheten mit entgegen-
gesetztem Sinne in die Construction eintreten. Hierauf beruht der
Settore grafico von Paganini. Fig. 26.

    Um den Stationspunkt V (Knopf r) ist ein Sector SVS' und
das daraufliegende Lineal RR' drehbar, so dass das Ende R' den
Bogen SS' durchläuft. Mit einem nach dem Centrum V gerichteten
Schraubengewinde m kann ein senkrecht zum Stiele nn' gestellter Stahl-
streifen T parallel zu sich weiter geschoben werden. Dabei bewegt

er sich in zwei Leisten *uu'*, welche graduiert sind, damit man ablesen kann, (bis Zehntelmillimeter), wie weit die zur Mittellinie des Instrumentes senkrechte Kante *oo'* vom Centrum *V* entfernt ist.

Hat das Instrument die richtige Lage, das heisst, liegt *V* im Standpunkte, die Mittellinie *VP* auf dem Grundrisse der optischen Achse, dann wird es durch zwei kleine, mit Nadeln versehene Schräubchen *W* und *W'* auf dem Zeichenblatte festgelegt, und die Kante *oo'* mittelst des Schraubengewindes *m* auf eine der Bildweite gleichen Distanz von *V* eingestellt. Für irgend einen abgebildeten Punkt kann nun die Visur eingezeichnet werden, indem man den Abstand vom Verticalfaden (die Strecke *x*) auf *oo'* von *P* aus in

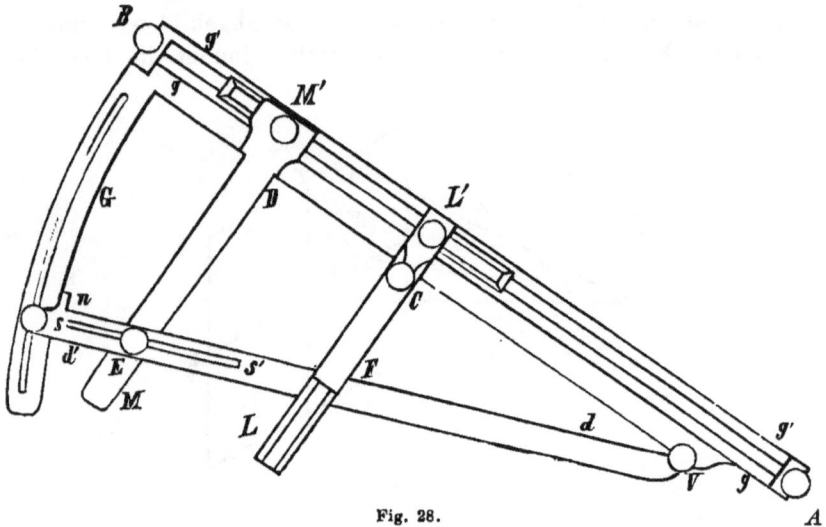

Fig. 28.

entgegengesetzter Richtung mit einem Zirkel aufträgt, das Lineal an die Zirkelspitze anschiebt, durch die Pressschraube *Z* festhält und alsdann längs des Lineales *RR'* die Visur zeichnet. Das Instrument gestattet zugleich, den Horizontalwinkel in Graden abzulesen, wenn der Bogen *SS'* von der Mittellinie aus in Grade getheilt ist; zu dem Behufe ist bei *R'* ein Nonius anzubringen.

Muss die Lage der optischen Achse erst mit Benützung eines Stützpunktes (trigonometrisch bestimmten Punktes) gesucht werden, so befestigt man das Instrument zuerst nur im Standpunkte *V*, legt das Lineal an die gegebene Richtung an, dreht den Sector, bis der Punkt *P* vom Lineale um den Abstand des betreffenden Punktes vom Verticalfaden entfernt ist, und fixiert erst dann das Lineal mit der Schraube Z, den Sector mit den Stiften W und W' auf der Zeichnung.

3. Bei Bestimmung der Höhe handelt es sich darum, zwei ähnliche Dreiecke darzustellen, welche gewöhnlich die Lage wie in Figur 27 haben werden, weil die Zeichnungen meist in kleinem Massstabe entworfen werden. In derselben sind: Oa' der Abstand d_1 des Standpunktes vom Grundrisse des Bildpunktes, OA' der Horizontalabstand D zwischen dem Standpunkte und Terrainpunkte, y die Entfernung aa' des Bildpunktes a von der Horizontlinie und AA' die Höhe L des Terrainpunktes A über dem Niveau des Stand-

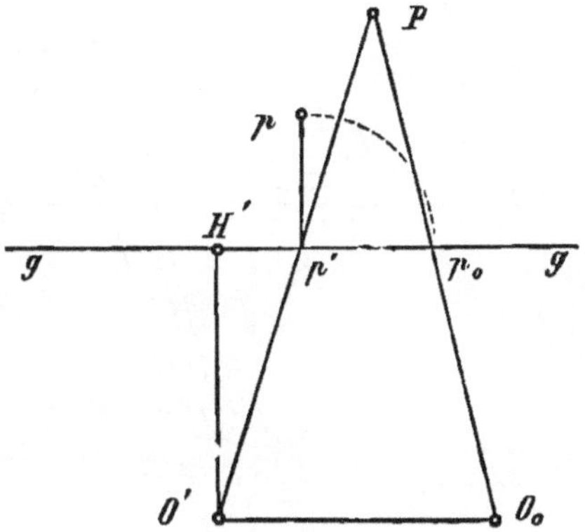

Fig. 29.

punktes. Um die zur Bestimmung von L nothwendigen Constructionen mechanisch durchführen zu können, benütze man folgendes Instrument von Paganini. Fig. 28.

Zwischen den Führungen g und g' auf dem Metallstreifen AB bewegen sich zwei Läufer L', M' mit dem zu AB senkrechten Linealen LL' und MM'. Um den Endpunkt V der graduierten Kante von AB dreht sich eine Alhidade dd'. Dieselbe hat einen Schlitz ss', durch welchen ein Knopf E geht, der die Verbindung mit dem Lineale MM' herstellt, und trägt am Ende einen Nonius n, damit eventuell auf dem graduierten Bogen G die Höhenwinkel β abgelesen werden können.

Wird also das Instrument mit V auf den Stationspunkt gelegt, C auf A', D auf a' eingestellt und DE gleich y gemacht, so muss CF die verjüngte Höhe anzeigen.

§ 23. Apparat zur Construction der orthogonalen Projection eines ebenen Objectes aus dessen Perspective. Im I. Theile § 10 wurde gefunden, dass der in einer horizontalen Ebene liegende Originalpunkt P aus seiner Perspective p abgeleitet werden kann, indem man den Grundriss $O'p'$ des Sehstrahles Op mit der Umlegung $O_0 p_0$ desselben Strahles Op zum Schnitte bringt. Diese einfache Beziehung, welche in Figur 29 zum Ausdrucke kommt, hat Architekt Herm. Ritter benützt, um einen Apparat, Perspectograph genannt, zusammenzustellen, der mechanisch perspectivische Bilder zeichnet. Derselbe ist unter No. 29 002 beim

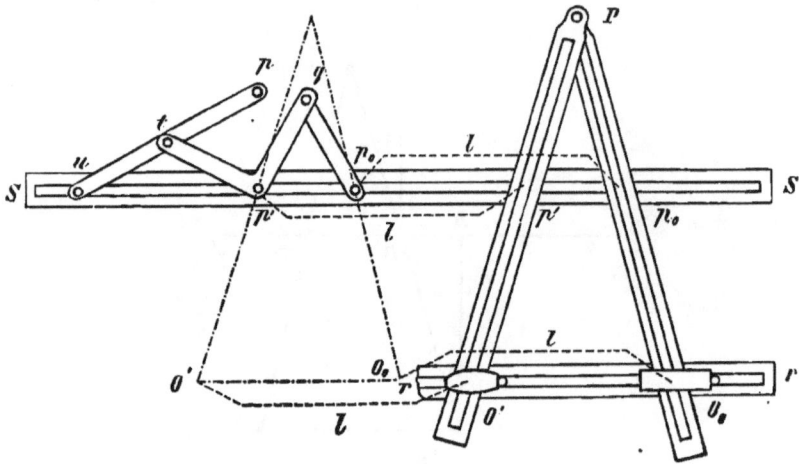

Fig. 30.

kais. deutschen Patentamte am 13. October 1883 patentiert und wird im mechanischen Institute von Ch. Schröder & Comp. in Frankfurt a. M. hergestellt.*) Fig. 30.

Er besteht aus zwei Linealen PO' und PO_0 mit dem Nachfahrstifte P, zwei festen Führungspunkten O' und O_0, welche auf der Schieberführung r verstellbar sind und zwei anderen Führungspunkten p' und p_0, welche auf der Schieberführung s sich bewegen und in Verbindung stehen mit den Punkten p' und p_0 des Froschschenkels $utpp'qp_0$, der in p den Zeichenstift trägt.

Wird der Führungsstift nach p und der Zeichenstift nach P gegeben, so muss P nach Fig. 29 die um die Strecke l nach seit-

---

*) Perspectograph, Apparat zur mechanischen Herstellung der Perspective etc. Herm. Ritter, Architekt. Maubach & Co. Frankfurt a. M. 2. Auflage.

wärts gerückte Originalfigur beschreiben, wenn p auf einer Perspective (Photographie) hinfährt, die Schieberführung s mit der Mittellinie über der Grundlinie gg, jene r um die Bildweite von s entfernt liegt und die Führungspunkte O' und O_0 auf r so festgestellt wurden, dass ihr Abstand der Standhöhe gleich ist und beide aus ihrer wirklichen Lage um die Strecke l nach seitwärts verschoben worden sind. Es liegen nämlich, da tp, tp' und tu gleich gemacht werden, die Punkte p, p' und u im Halbkreise über dem Durchmesser up oder es ist pp' senkrecht s; ferner ist wegen der Congruenz der Dreiecke ptp' und $p'qp_0$ die Strecke $p'p_0$ der Strecke pp' gleich; es sind also thatsächlich alle Bedingungen der Fig. 29 erfüllt.

Nun ergibt sich aber nach § 10 des I. Theiles der Originalpunkt P auch, vorausgesetzt, dass in Fig. 31 HO_0 der Bildweite

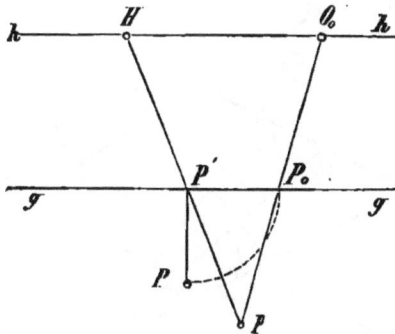

Fig. 31.

gleich ist, wenn der Bildpunkt p mit dem Hauptpunkte H und dem umgelegten Auge O_0 verbunden, und die Strecke $P'P_0$ in der Grunde linie gg als Senkrechte zu gg nach $P'P$ übertragen wird. Der Perspectograph kann deshalb auch mit dem Führungsstifte p im Schnitte der Lineale und dem Zeichenstifte P am Endpunkte des Froschschenkels verwendet werden. Wie er in diesem Falle auf die Zeichnung (Photographie) zu legen und zu befestigen ist, dürfte ein Blick auf die Figur 31 lehren.

Der Perspectograph ist bei seiner bisherigen Ausführung in Linealen mit Schienen unanwendbar, wenn die zu suchenden Punkte zwischen die zwei Schieberführungen zu liegen kommen, also im Kreuzungspunkte der Lineale gelegen sind. Dem lässt sich abhelfen, indem man statt der Lineale mit Schiene solche mit Schlitzen verwendet, weil dann ihr Schnittpunkt ebenfalls markiert werden kann. Man hat dann nur noch die Aufstellung des Apparates etwas zu ändern, nämlich: den Froschschenkel auf die andere Seite der Schieberführung *s* zu legen (der Perspectograph hat in der Schröder'schen Ausführung schon zwei symmetrische Froschschenkel) und O_0 um ein gleich grosses Stück jenseits von O' oder H, je nachdem Fig. 29 oder 31 zu Grunde liegt, festzustellen.

Die bezüglichen Auseinandersetzungen des § 9 (I. Th.) lassen erkennen, dass der Perspectograph immer anwendbar sein wird, wenn es sich um die Darstellung ebener Figuren oder solcher Körper, die in ebenen Schichten gearbeitet sind, handelt — es ist nicht nothwendig, dass dieselben unbedingt horizontal liegen müssen.

§ 24. **Apparat zur Reconstruction eines beliebigen Objectes aus zwei Photographien.** Wie schon im § 15

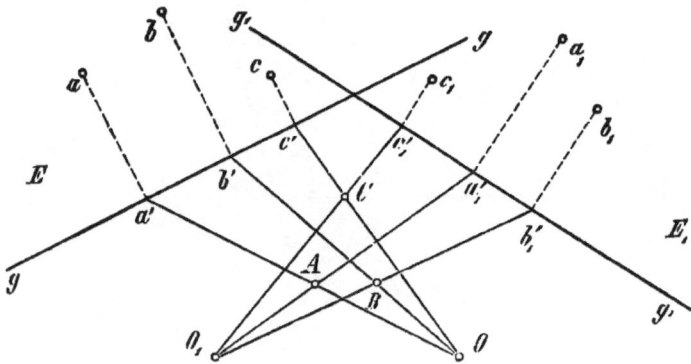

Fig. 32.

erwähnt wurde, hat G. R. Dr. G. Hauck Apparate (Trikolographen genannt) construiert, welche aus zwei Projectionen eines Gegenstandes eine dritte Projection desselben entwerfen. Solche Apparate sind somit für die Perspective ebenso brauchbar wie für die Photogrammetrie. Bisher hat Dr. G. Hauck nur die geometrische Construction, Beschreibung und Zeichnung eines Apparates veröffentlicht*), mit welchem aus Grund- und Aufriss eines Objectes dessen Perspective gezeichnet werden kann. Nach den in der betreffenden Publication entwickelten Principien lässt sich nun leicht ein Apparat zusammenstellen, der die Aufgabe der Photogrammetrie: aus zwei Perspectiven (Photographien) den Grund- oder Aufriss zu entwerfen,

---

*) „Mein perspectivischer Apparat". Von G. Hauck. Festschrift der königl. technischen Hochschule zu Berlin zur Feier der Einweihung ihres neuen Gebäudes am 2. November 1884. Reichsdruckerei zu Berlin. 1884.

auf mechanischem Wege löst. Wir beschränken uns dabei auf den Fall, welcher voraussetzt, dass die Photographie-Ebenen vertical stehen, weil derselbe in der Praxis die meiste Anwendung findet.

Man erhält den Grundrifs $ABC\ldots P$ eines Objectes, dessen Photographie E aus O mit $abc\ldots p$ und auf E_1 aus O_1 mit $a_1 b_1 c_1 \ldots p_1$ bezeichnet sei (Fig. 32), indem man die Photographie-Ebenen E und E_1 nach vorgenommener Orientierung um ihre Schnittgeraden gg und $g_1 g_1$ mit der Zeichnungsfläche in diese umlegt, von a, b, c, $\ldots p$ Senkrechte zu gg bis a', b', c', $\ldots p'$ und von a_1, b_1, $c_1 \ldots p_1$. Normale zu $g_1 g_1$ bis a'_1, b'_1, c'_1, $\ldots p'_1$ fällt; es schneiden sich dann Oa' und $O_1 a_1'$ in A, $O b'$ und $O_1 b_1'$ in B etc.

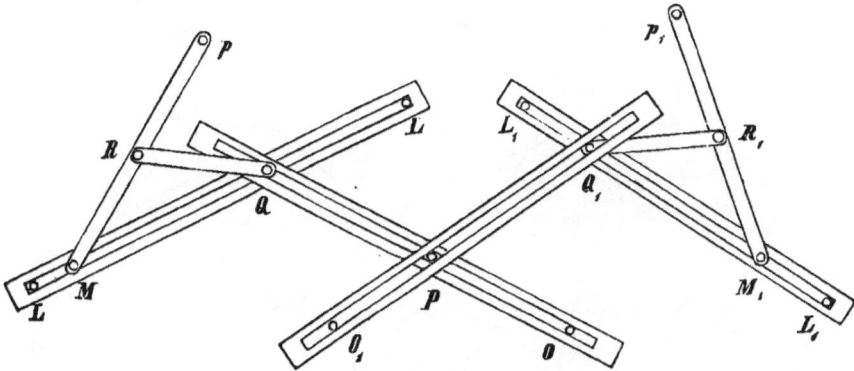

Fig. 33.

Diese Constructionen können nun folgendermassen in einen Mechanismus umgesetzt werden. An die Stelle der Spurlinien gg und $g_1 g_1$ treten fixe, geschlitzte Lineale LL und $L_1 L_1$, die Strahlen aus O und O_1 werden durch geschlitzte Lineale ersetzt, die sich, beziehungsweise um O und O_1 drehen lassen und durch Stifte welche in LL und $L_1 L_1$ sich verschieben, die gehörige Richtung erhalten; das Zeichen der Senkrechten aus a, b, $c \ldots p$ zu gg und aus a_1, b_1, $c_1 \ldots p_1$ zu $g_1 g_1$ lässt man durch gleichschenklige Schubkurbeln besorgen.

So bekommt man einen Apparat, wie ihn Fig. 33 versinnlicht und der wie folgt zu gebrauchen ist. Durch die Reissnägel L und L_1 werden die Lineale LL und LL_1 so festgehalten, dass ihre Mittellinien auf die Spuren gg und $g_1 g_1$ fallen. Die Verbindung der Schubkurbeln mit den Linealen wird durch die Stifte M, Q, M_1, Q_1 hergestellt, welche leicht in den Schlitzen der Lineale gleiten können;

ebensolche Stifte — nur noch mit einer Spitze versehen — werden in O und O_1 befestigt; auf diese und die Stifte Q, Q_1 werden dann die geschlitzten Lineale $O\,Q$ und O_1Q_1 gelegt. Um ein Herausspringen der Stifte und Lineale zu verhindern, wird man Stifte nehmen, die am oberen Ende ein Schraubengewinde haben, so dass ein Hütchen sich aufschrauben lässt: jene in M, Q, M_1, Q_1 können unten ein Plättchen tragen. Die Schenkel QR und Q_1R_1 der Schubkurbeln sind bei R und R_1 leicht beweglich, die ebenso langen Schenkel MR und M_1R_1, welche um ein gleich grosses Stück Rp und R_1p_1 verlängert sind, haben bei p und p_1 Oeffnungen für Fahr-

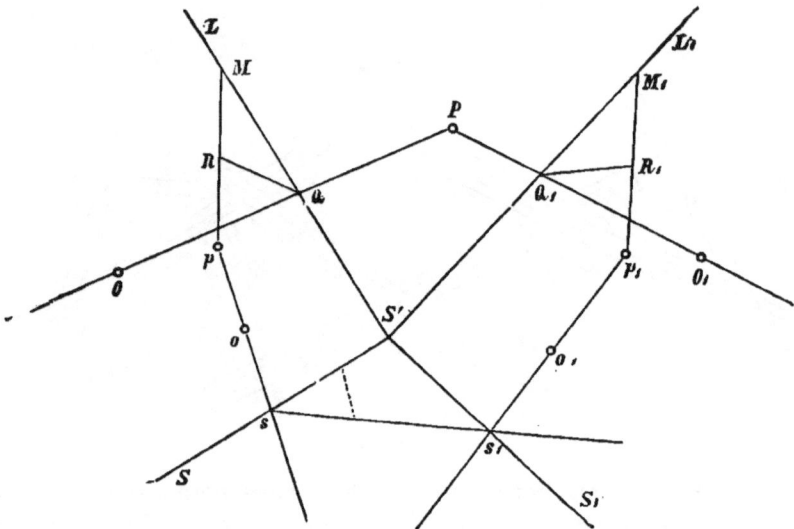

Fig. 34.

stifte; bei P bewegt sich in beiden Schlitzen eine Hülse zur Aufnahme des Zeichenstiftes.

Wie der Vergleich der Figuren 32 und 33 zeigt, muss P immer im Grundrisse jenes Punktes liegen, welcher in p und p_1 photographiert erscheint. Bewegt man also die Fahrstifte p und p_1 stets auf entsprechenden Bildern, so beschreibt der Zeichenstift P den Grundriss des photographierten Objectes.

Nun ist es aber nicht immer gut möglich, in zwei Photographien die einander genau entsprechenden Punkte zu erkennen und die Fahrstifte p und p_1 so weiter zu bewegen, dass sie stets auf Abbildungen desselben Originalpunktes stehen, man muss deshalb diesem Umstande Rechnung tragen und den Apparat so einrichten, dass p

und p_1 nur die richtige Lage einnehmen können. Dafür bietet die Theorie von Dr. G. H a u c k. ebenfalls Anhaltspunkte

Nach § 14 (I. Theil) müssen die Verbindungsgeraden der einzelnen Punkte p der Photographie E mit dem Kernpunkte o dieser Photographie (o ist die Abbildung von O_1 auf E) und die Verbinpungsgeraden der entsprechenden Punkte p_1 der Photographie E_1 mit dem Kernpunkte o_1 (o_1 ist wieder das Bild von O auf E_1) einander in Punkten s der Schnittlinie S der beiden Photographieebenen E und E_1 schneiden. Diese Gerade S ist nun die Normale zur Zeichnungsfläche im Schnittpunkte S' der Spurlinien gg und g_1g_1, sie wird also bei der Umlegung der Photographie E um gg als die Senkrechte $S'S$ zu gg, bei der Umlegung der Photographie E_1 um g_1g_1, als die Senkrechte $S'S_1$ zu g_1g_1 erscheinen, weshalb die Strahlen aus o zu den Punkten p der Photographie E auf $S'S$ dieselbe Punktreihe s erzeugen müssen, wie die Strahlen, welche von o_1 zu den Punkten p_1 der Photographie E_1 gehen, auf $S'S_1$ liefern; das heisst es muss $S's$ gleich $S's_1$ sein. Man hat demnach dem früher besprochenen Apparate noch ein Gestänge beizufügen, welches die erwähnte Bedingung einhält.

In Figur 34 ist ein solcher completer Apparat in mathematischen Linien angedeutet. Der aus geschlitzten Linealen gebildete rechte Winkel $LS'S$ wird durch Reissnägel in L, S' und S so befestigt, dass die Mittellinien seiner Schenkel die früher erwähnten Geraden gg und $S'S$ decken; in gleicher Weise geschieht das mit $L_1S'S_1$. Nachdem wie beim einfachen Apparate die gleichschenkligen Schubkurbeln MpQ und $M_1p_1Q_1$, sowie die geschlitzten Lineale OQ und O_1Q_1 angebracht worden sind, werden in den Kernpunkten o und o_1 Stifte befestigt, in die Schlitze der Lineale $S'S$ und $S'S_1$ bewegliche Stifte s und s_1 eingelegt und über p, o, s einerseits und p_1, o_1, s_1 andererseits geschlitzte Lineale gegeben. Schliesslich wird noch ein verstellbarer Winkelhaken so angefügt, dass der Scheitel nach s fällt. der eine ungeschlitzte, mit einem Vorsprunge versehene Schenkel im Lineale $S'S$ leicht sich bewegt, der andere geschlitzte Schenkel den Stift s_1 umfängt und immer mit $S's$ und $S's_1$ gleichschenklige Dreiecke bildet. Letzteres wird durch eine anklemmbare Querstange erreicht, die den Winkel in constanter Grösse erhält.

Wird jetzt z. B. der Fahrstift p auf der Photographie bewegt, so wird auf der einen Seite durch die Schubkurbel MpQ dem Lineale OQ die richtige Lage ertheilt, auf der andern aber durch das Lineal po der Punkt s markiert, durch den Schenkel ss_1 der Stift s_1, und mit diesem das Lineal s_1p_1, somit auch der Stift p_1 in Bewegung gesetzt, wodurch wieder die Schubkurbel $M_1p_1Q_1$ verschoben und das Lineal O_1Q_1 in die richtige Lage gebracht wird. Der Constructeur kann jetzt durch Bewegung eines Fahrstiftes p oder p_1 es erreichen, dass der Zeichenstift P einen continuierlichen Linienzug beschreibt, und braucht den zweiten Fahrstift nur behufs Controle zu beobachten, oder behufs Ueberwindung grosser Reibungen nachhelfend zu bewegen. Im Principe wäre somit ein allgemeiner photogrammetrischer Zeichenapparat construiert; in welcher Art er am besten praktisch ausgeführt werden könnte, muss dem Scharfblicke und der Geschicklichkeit des Mechanikers überlassen bleiben.*)

---

*) Obige Auseinandersetzungen hat der Verfasser schon im Jahre 1887 veröffentlicht in den „Mittheilungen aus dem Gebiete des Seewesens. 12. Heft."

III. Theil.

Die Photogrammetrie für Vorgebildete etc.

I. Abschnitt.

Aufnahmen mit geneigter Bildebene.

§ 1. Gewöhnliche Constructions-Verfahren der darstellenden Geometrie. Zu Aufnahmen mit geneigter Camera wird man sich der verzerrten Bilder, der im allgemeinen complicierteren Verfahren und des schwerer vorzustellenden Zusammenhanges wegen nur entschliessen, wenn man in der Wahl der Standpunkte beschränkt ist und Aufnahmen mit verticaler Bildfläche nicht angezeigt oder geradezu unmöglich wären, weil der Standpunkt zu hoch oder zu tief gelegen ist.

Benützt man dabei einen Apparat, der mit einem Theodoliten in Verbindung steht, so wird es am besten sein, die Lage der optischen Achse im Raume zu bestimmen, indem man den Horizontalwinkel α zwischen ihr und der Standlinie OO_1, sowie den Höhenwinkel β oder Tiefenwinkel t misst. Ist der andere Standpunkt oder die Richtung der Basis nicht im Vorhinein markiert worden, dann lässt sich die Horizontalprojection $O'X'$ der optischen Achse durch ihre Abweichung von der Nordsüdlinie angeben. Das Constructions-Verfahren ist folgendes. Fig. 1.

Man zeichnet den Grundriss $O'O_1'$ der Standlinie, daran für die erste Photographie den Winkel α, um welchen die optische Achse im horizontalen Sinne von der Basis abweicht, und legt die optische Achse um ihre Horizontalprojection $O'X'$ in die Zeichnungsebene um, indem man $O'O_0$ senkrecht $O'X'$ zeichnet und der Höhe des Standpunktes gleich macht; mit Benützung des Tiefenwinkels t ergibt sich dann die Umlegung $O_0 X_0$ der optischen Achse. Auf letztere trägt man die Bildweite d auf und erhält die Umlegung H_0 des Hauptpunktes H, durch welchen die Photographieebene E senkrecht OX zu legen ist. Trifft deshalb die durch H_0 senkrecht $O_0 X_0$ gezogene Gerade $H_0 s$ die Linie $O'X'$ in s, so geht die Spur gg der

Photographie-Ebene E durch s und ist senkrecht zu $O'X'$. Um die Spur gg denke man sich die ganze Ebene E gedreht, bis sie mit der Zeichnungsfläche zusammenfällt. Bei dieser Drehung beschreibt der Hauptpunkt H einen Kreis, der sich in der Umlegung in wahrer Grösse als Kreis aus s mit sH_0 darstellt weshalb nach H der Drehung im Schnitt des genannten Kreises mit $O'X'$ zu liegen kommen muss. In der Figur 35 wurde die grössere Drehung vollzogen, um das Zeichenfeld auf der einen Seite nicht mit Linien zu überfüllen. Die Photographie E ist nun so aufzulegen, dass sie mit ihrem Hauptpunkt nach H fällt, ihre Hauptverticale mit $o'X'$ sich denkt, die Horizontlinie zu gg parallel wird. Auf gleiche Weise ist auch die zweite Photographie E_1 in die orientierte Lage zu bringen.

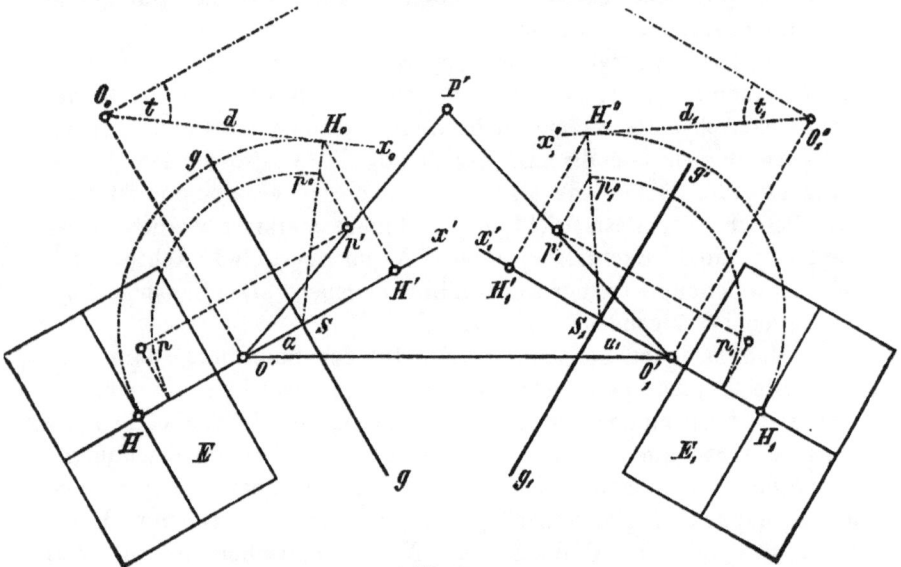

Fig. 1.

Um nun irgend einen Punkt P darzustellen, hat man zuerst von seinen Abbildungen p auf E und p_1 auf E_1 die Grundrisse p' und p_1 zu bestimmen. Sie werden erhalten, indem man — wie es in Fig. 35 gezeichnet ist — die Punkte p und p_1 um gg und g_1g_1 mit der Ebene E und E_1 zurückdreht, also die früher mit H durchgeführten Constructionen in umgekehrter Reihenfolge vornimmt. Die Geraden $O'p'$ und $O_1'p_1'$ treffen einander alsdann im Grundrisse Γ' des verlangten Punktes. Seine Höhe kann wie bei Aufnahmen mit verticalen Bildern gefunden werden, sie ergibt sich aber auch aus den Umlegungen, welche ja als dritte Projectionen betrachtet werden können.

2. Die behufs Festlegung der optischen Achse des Objectives nothwendigen Messungen mit einem Theodoliten werden entbehrlich, wenn nebst den Standpunkten noch ein Punkt M bekannt ist. Wird in einem solchen Falle die Camera derart gerichtet, dass der Punkt M im Schnitte des Horizontal- und Verticalfadens erscheint, dann hat die optische Achse die Richtung nach dem Punkte M. Die Vorbereitungsfigur enthält deshalb nur die Umlegungen von OM und O_1M. Auf diese sind die Bildweiten d und d_1 aufzutragen, in den erhaltenen Punkten H_0 Senkrechte zu errichten, Fig. 26, im übrigen aber die vorher besprochenen Constructionen durchzuführen.

3. Mit einem gewöhnlichen Apparate, bei dem die perspectivischen Constanten noch nicht bekannt sind, würde eine Aufnahme mit geneigter Camera gemacht werden können, wenn nebst den

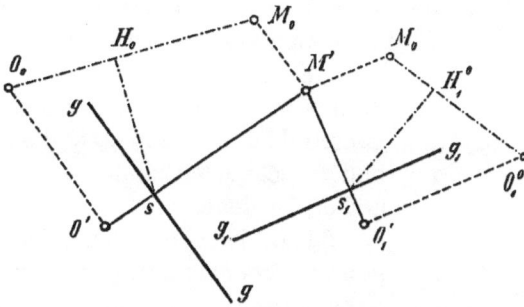

Fig. 2.

Standpunkten und drei anderen Punkten noch der Neigungswinkel n der Bildebene zum Horizonte bekannt wäre. Derselbe liesse sich nach Fig. 3 leicht aus dem Dreiecke ABC ableiten. Wenn A eine horizontale Kante der prismatischen Camera oder des rechteckigen Laufbrettes ist, so lasse man von B ein Loth herabhängen, messe BC sowie AB und die horizontal gehaltene Strecke AC und zeichne nach diesen Angaben das bei C rechtwinklige Dreieck ABC; es hat bei A den Neigungswinkel n. (Hierbei hat man eine Controle, weil eigentlich zwei Strecken genügen würden.)

Mit Hilfe des Winkels n kann die Projection $m'n'p'$ von dem Dreiecke mnp construiert werden, das sich auf der Photographie als Bild des von den drei gegebenen Objectpunkten MNP gebildeten Dreieckes zeigt. Statt nun, nie im § 8 des 1. Theiles (Fig. 8) die Gerade gg mit den darauf markierten Punkten zu verschieben, bis diese Punkte auf die entsprechenden Strahlen zu liegen kommen, würde jetzt das Dreieck $m'n'p'$ auf Pauspapier zu copieren und in jene Lage

8*

zu bringen sein, in welcher m' auf $O'M'$, n' auf $O'N'$ und p' zugleich auf $O'P'$ liegt. Damit sind dann für die Orientierung der Photographie genug Anhaltspunkte gewonnen. Die Durchführung einer solchen Aufgabe ist zwar nicht schwierig, aber umständlich; der Vollständigkeit halber wurde sie hier wenigstens angedeutet.

§ 2. Constructionen im Sinne der Methoden von G. Hauck. Die Constructionen bei Aufnahmen mit geneigter Camera lassen eine erhebliche Vereinfachung zu, wenn man die von G. Hauck eingeführten Kernpunkte benützt. Um die Methode abzuleiten, betrachten wir die Fig. 4.

In derselben sind: O und O_1 die Standpunkte, O' und O_1' deren Grundrisse; E und E_1 die Bildebenen, welche die Zeichnungsfläche in den Geraden gg und g_1g_1 schneiden; p und p_1 die Projectionen irgend eines Raumpunktes P beziehungsweise aus O auf E und O_1 auf E_1, p', p_1' und P' die Grundrisse der betreffenden Punkte.

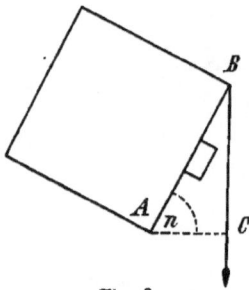

Fig. 3.

Kernpunkte sind nun einerseits die Punkte ω und ω_1, in welchem die Projectionsstrahlen OO' und O_1O_1' die Bildebenen E und E_1 schneiden, andererseits die Punkte o und o_1, in denen die Gerade OO_1 den Ebenen E und E_1 begegnet; beide Paare von Kernpunkten können mit Vortheilen in Verwendung treten.

Es bestehen nämlich folgende Beziehungen: Die Geraden $O'P'$ und ωp treffen einander in einem Punkte s der Spurlinie gg (denn eine durch OP gelegte verticale Ebene schneidet die Grundrissebene in $O'P'$, die Bildebene E in der Geraden ωsp), ebenso begegnen einander die Geraden $O'_1 P'$ und $\omega_1 p_1$ in einem Punkte s_1 der Spurlinie g_1g_1; ferner gehen die Verbindungsgeraden po und p_1o_1 zu demselben Punkte σ in der Schnittlinie S der Ebenen E und E_1; endlich schneiden sich po und $p'o'$ in gg, sowie p_1o_1 und $p'_1p'_1$ in g_1g_1.

Am bequemsten werden die Constructionen mit Benützung der Kernpunkte ω und ω_1; es sind dies übrigens auch Punkte, welche sich auf den meisten Photographien leicht finden lassen, weil sie die Fluchtpunkte der verticalen Geraden sind, und deshalb alle an den Objecten vorkommenden Verticalen nach jenen Punkten gerichtet sein werden.

Um P aus p und p_1 abzuleiten, hat man nach Fig. 4 auf der ersten Photographie p mit ω zu verbinden, diese Linie durch gg in s zu schneiden nnd die Gerade $O's$ zu ziehen; desgleichen auf der zweiten Photographie den Schnitt s_1 von $p_1 m_1$ mit $g_1 g_1$ zu suchen und s_1 mit O_1' zu verbinden: $O's'$ und $O_1's_1$ liefern als Schnitt P. Die Höhe von P ergibt sich wie in allen übrigen Fällen.

II. Abschnitt.

Photogrammetrische Rechnungen.

§ 3. Relationen bei verticaler Bildebene. Die im 1. Theile fast ausschliesslich constructiv durchgeführten photogrammetrischen Aufnahmen lassen sich auch durch die Rechnung verfolgen.

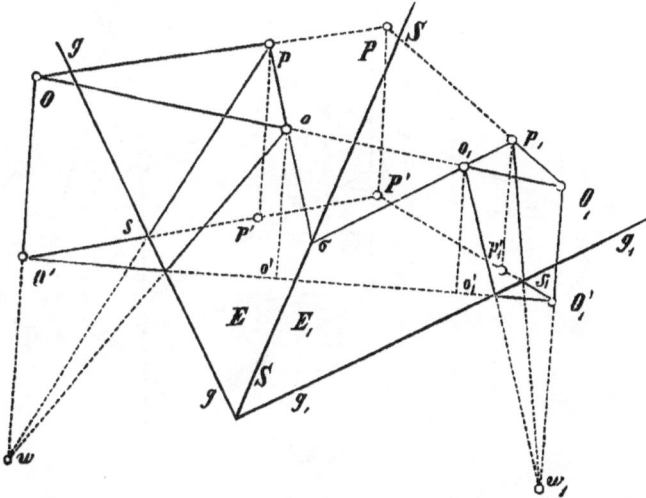

Fig. 4.

Man bezieht zu dem Behufe die einzelnen Punkte der Photographie auf das durch die Horizontlinie und Hauptverticale gegebene rechtwinklige Coordinatensystem, nennt also — Fig. 5 — pp' die Ordinate y_1, $p'H$ die Abscisse x. Ferner sei die Bildweite $OH=d$, der Horizontalabstand zwischen Standpunkt und Objectpunkt $OP'=D$, die Höhe des Objectpunktes P über dem Niveau des Standpunktes oder die Linie $PP'=L$, die Strecke $Op'=d_1$; die Basis OO_1 habe die Länge B und bilde mit den optischen Achsen in den Standpunkten O und O_1 die Winkel w und w_1. Von diesen Grössen kennt man, wenn die Photographien orientiert sind, folgende: B, w, w_1, d; messen kann man auf der Photographie: x und y. Mit ihrer Hilfe lassen sich berechnen: der Horizontalwinkel α zwischen der optischen Achse und irgend einer Visur nach der Gleichung

tang $\alpha = \dfrac{x}{d}$, der Höhenwinkel β der Visur nach tang $\beta = \dfrac{y}{d_1}$

oder da $d_1 = \sqrt{d^2 + x^2}$ ist, aus tang $\beta = \dfrac{y}{\sqrt{x^2 + d^2}}$.

Auf gleiche Weise ergeben sich die Winkel α_1 und β_1 aus der zweiten Photographie, man kennt also in dem Dreiecke OO_1P' die Seite $OO_1 = B$ und die ihr anliegenden Winkel $(w + \alpha)$ und $(w_1 + \alpha_1)$, kann somit jede andere Seite berechnen; es ist

$$D = \frac{B \sin (w_1 + \alpha_1)}{\sin (w + \alpha + w_1 + \alpha_1)}.$$ Mit D ist nun auch DL bestimmt,

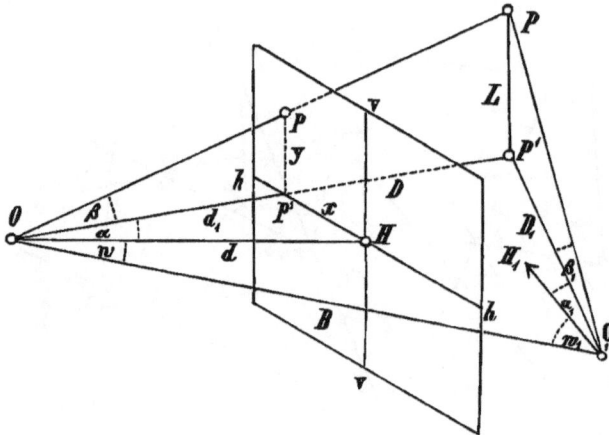

Fig. 5.

weil $L = D$ tang β sein muss. Der Controle halber wird man noch

$$O_1 P' = D_1 = \frac{B \sin (w + \alpha)}{\sin (w + \alpha + w_1 + \alpha_1)}$$ und $L = D_1$ tang $\cdot \beta_1$ berechnen.

§ 4. **Relationen bei schiefer Bildebene.** Wie die Aufnahmen mit verticalen Bildern, so können auch jene mit geneigten Bildebenen im Sinne der Rechnung durchgeführt werden. Neben den schon früher erwähnten Grössen kommt jetzt noch die Neigung der optischen Achse in Betracht; in Fig. 6 hat die optische Achse OH den Tiefwinkel t.

Wie aus der Figur hervorgeht, hat man hier

$$\text{tang } \alpha = \frac{p'q'}{Oq'} = \frac{x}{OH' + mq} = \frac{x}{d \cos t + y \sin t} \text{ und}$$

$$\operatorname{tang} \beta = \frac{pp'}{Op'} = \frac{m\,H'}{\sqrt{(p'q')^2 + (Oq')^2}} = \frac{d \sin t - y \cos t}{\sqrt{x^2 + (d \cos t + y \sin t)^2}}.$$

Für $t = o$ gehen, wegen $\sin t = o$ und $\cos t = 1$, die eben gefundenen Werte in die entsprechenden des vorigen Paragraphen über.

Mit Benützung der Werte für α uud β können nun der Horizontalabstand D und die Höhe L nach den früheren Formeln gefunden werden — nur bedeutet L bei obiger Figur die Tiefe des Punktes P unter dem Niveau des Standpunktes O.

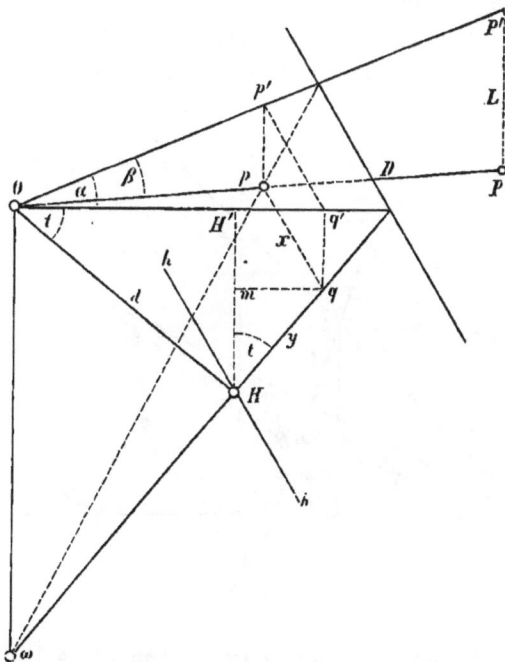

Fig. 6.

An Stelle des Neigungswinkels der optischen Achse kann auch der Neigungswinkel n zwischen der Bildebene nnd dem Horizonte gegeben sein und in Rechnung treten; die Winkel t und n ergänzen sich zu 90⁰.

§ 5. Bestimmung der perspectivischen Grundelemente durch Rechnung. Sind die bei einer Aufnahme zu verwendenden Photographien nicht orientiert, wohl aber mit den nötigen Angaben ausgestattet, so lassen sich Distanz, Horizontlinie und Hauptpunkt auch durch Rechnung bestimmen und hernach so wie sonst verwerten.

Nehmen wir z. B. an, es sei die im 1. Theile so oft berührte Aufgabe zu lösen, eine mit gewöhnlichem photographischen Apparate aufgenomme Photographie zu orientieren, wenn der Standpunkt A und drei andere in b, c, d abgebildete Punkte B, C, D bekannt sind. Da man hier die Winkel zwischen je zwei Visuren mit dem Transporteur messen kann, so liegt eigentlich die Aufgabe des § 9 (II. Th.) vor, welche dort mit Zuhilfenahme trigonometrischer Formeln rechnet wurde. Sie kann ebenso gut im Sinne der analytischen Geometrie gelöst werden.

Bekanntlich muss der Grundriss gg der Photographie so liegen, dass die Bilder b, c, d der Punkte B, C, D beziehungsweise den

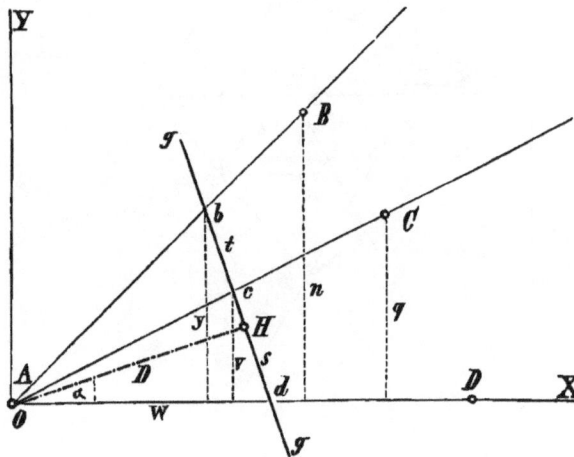

Fig. 7.

Geraden AB, AC und AD angehören. Um diese Lage der Punkte b, c, d ausfindig zu machen, beziehen wir die einzelnen Punkte auf das rechtwinklige Coordinatensystem XOY — Fig. 7. — Hat B die Coordinaten m und n, C die Coordinaten p und q, und ist der Horizontalabstand der Punkte b und d auf der Photographie r, jener von c und d gleich s, der von b und c gleich t und bezeichnen wir die Coordinaten des Punktes b mit x und y, die von c mit u und v, die Abscisse des Punktes d mit w (die Ordinate ist o): dann wird

$$\frac{y}{x} = \frac{n}{m}$$ sein, weil b auf AB liegt; $$\frac{v}{u} = \frac{q}{p}$$, weil c auf AC liegt;

$$\frac{y}{v} = \frac{r}{s}$$ und $$\frac{w-x}{u-x} = \frac{r}{t}$$ weil b, c und d auf einer Geraden liegen; schliesslich $(w - x)^2 + y^2 = r^2$, weil $bd = r$ ist.

Aus diesen fünf Gleichungen lassen sich die fünf Unbekannten x, y, u, v, w, berechnen; etwa so, dass man aus den ersten vier Gleichungen $y = \dfrac{n}{m} x$ und $(w-x) = \dfrac{r}{t}\Big(\dfrac{p}{q}\cdot\dfrac{s}{r}\cdot\dfrac{n}{m} - 1\Big)\,x$ bestimmt und in die letzte Gleichung einsetzt. Es ergeben sich, wenn $z = \sqrt{n^2q^2t^2 + (nps-mqr)^2}$ gesetzt wird, folgende Resultate:

$$= \frac{mqrt}{z},\, y = \frac{nqrt}{z},\, u = \frac{npst}{z},\, v = \frac{nqst}{z},\, w = \frac{rs}{z}(np-mq).$$

Da nun die doppelte Fläche des Dreieckes Obd einmal $w.y$, ein andersmal $r.D$ sein muss (D bedeutet die Distanz und ist der Abstand des Punktes A von der Geraden gg), so hat man $D = \dfrac{w\cdot y}{r}$ als Bildweite; der Horizontalwinkel α zwischen der optischen Achse und der Basis AD ist durch $\cos\alpha = \dfrac{D}{w} = \dfrac{y}{r}$ bestimmt und behufs Einzeichnung der Verticallinie in die Photographie kann man $Hd = w\sin\alpha$ berechnen. Da sich die Horizontlinie so wie im 1. Theile (§ 8 Punkt 3) finden lässt, so sind alle Elemente der Projective gefunden.

Die vorgeführte Rechnung gestalten sich etwas einfacher, wenn das schiefwinklige Coordinatensystem DAB zu Grunde gelegt wird — nur muss dann der Winkel DAB gemessen werden.

III. Abschnitt.

Fehlerbestimmungen.

§ 6. Genauigkeitsgrenzen. Die photogrammetrischen Aufnahmen gehen von Abmessungen auf photographischen Bildern aus; ihre Genauigkeit ist somit in erster Linie von der Schärfe der Photographien abhängig. Ein Bild ist genügend scharf, wenn ein leuchtender Punkt auf der Bildebene höchstens als ein Kreis mit 0'1 Millimeter Durchmesser erscheint; man kann deshalb annehmen, dass die abgebildeten Strecken bis auf Zehntelmillimeter genau sind Da man nun Längen auch bis auf Zehntelmillimeter abgreifen und abmessen kann, so werden die einer Photographie entnommenen Längen der Masszahlen noch in den Zehntelmillimetern verlässlich sein. Hieraus lässt sich folgern, wie gross die Genauigkeit bei den erhaltenen Winkeln sein wird.

Im Anhange des I. Theiles wurde gefunden, dass bei einem Kreise mit dem Halbmesser von 57 mm der Bogengrad eine Länge von 1 mm hat. Der Horizontalwinkel a ist nach früherem — Fig. 39 — Winkel eines rechtwinkeligen Dreieckes, dessen eine Kathete die Bildweite und dessen andere Kathete die Absciss x ist; bei einer Bildweite von 57 mm wird also, weil x Fehler bis zu 0·1 mm haben kann, der Winkel a nur bis zu Zehntelgraden verlässlich sein. Bei 57 mm Bildweite können demnach die Horizontalwinkel Fehler bis zu 6 Minuten haben, bei 11 Centimeter Bildweite werden die Winkel mit Fehlern bis zu 3 Minuten, bei 34 cm Bildweite nurmehr mit Fehlern von 1 Minute behaftet sein. Man sieht daraus, wie vortheilhaft Objective mit grossen Brennweiten sind.

Beim Höhenwinkel β kommen nach Fig. 39 die Strecken d_1 und y in Betracht. d_1 wird zwar von der Bildweite d und der Abscisse x beeinflusst, der ungenauen Ordinate y halber kommen aber nur ähnliche Verhältnisse wie bei a vor.

Der Winkelgenauigkeit entsprechend wird auch die Verlässlichkeit der erhaltenen Längenresultate sein. Hier muss zuerst der Massstab berücksichtigt werden. Damit die Fehler, welche in der Ungenauigkeit der Messung oder des Übertragens liegen, auf dem Constructionsfelde nicht vergrössert werden, hat man sich auf die Darstellung von Punkten zu beschränken, welche zwischen dem Standpunkt und dem Grundrisse der Photographie zu liegen kommen. Selbstverständlich wird auch die Basis nur so gross gewählt, dass sie im verjüngten Massstabe nicht länger als die Bildweite erscheint, man wird also z. B., wenn $d = 20$ cm ist und die Zeichnung im Massstabe 1 : 1000 zu entwerfen wäre, die Basis höchstens 20 cm $\times$ 1000 = 200 m lang annehmen. Die resultierenden Längen werden dann auch nur mit Fehlern von 0·1 mm behaftet sein; derselbe wird aber im Verhältnisse des Massstabes vergrössert, bei 1 : 1000 würde er somit in natürlichem Masse 0·1 mm $\times$ 1000 = 1 dm betragen. Bei Punkten, die über den Grundriss der Photographie hinausfallen, wird aber der Fehler noch grösser.

Man darf nicht glauben, dass eine mit viel Decimalstellen durchgeführte Rechnung genauere Resultate liefert; denn es ist immer zu bedenken, dass die Massszahlen ungenau sind. Es enthält z. B. die im § 3 abgeleitete Formel $D = \dfrac{B \sin (w_1 + a_1)}{\sin (w + a + w_1 + a_1)}$ nebst der Basis — die wir als genaue Zahl betrachten wollen — die Winkel a und a_1; da diese ungenau sind, muss es auch D werden, mag man so viel Decimalstellen berechnen als man will.

Nehmen wir an, die Winkel hätten nur Fehler von 1 Minute. Da sich der sinus per Minute circa um 0·0003 ändert, so ist der Zähler von D bei 200 m Basis schon mit einem Fehler von 200 m $\times$ 0·0003 = 6 cm behaftet, und selbst dieser kann durch den ungenauen Nenner noch vergrössert werden. Das fehlerhafte D wird nun in der Formel für die Höhe $L = D$ tang β wieder verwendet, das Resultat kann also, da auch der Höhenwinkel β ungenau ist, nicht bis zu einer beliebigen Decimalstelle verlässlich sein. Daraus geht hervor, dass die Berechnungen auf viele Decimalstellen ganz unnütz sind. Der denkende Rechner wird sich vielmehr vorher über die erreichbare Genauigkeit unterrichten und dann die abgekürzten Rechnungsverfahren anwenden.

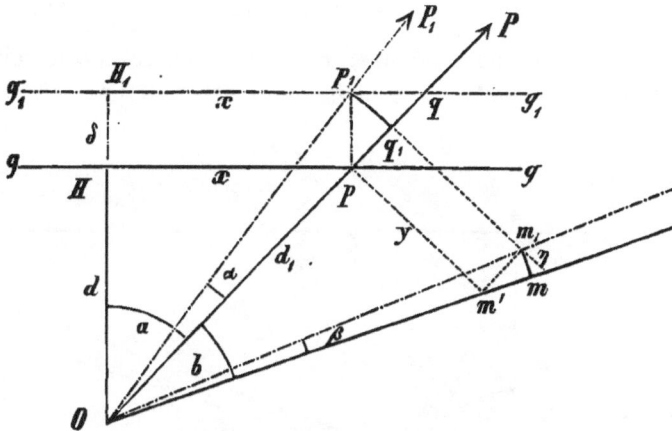

Fig. 8.

§ 7. **Fehler, welche von ungenauen Daten herrühren.** Alle photogrammetrischen Constructionen oder Rechnungen setzen eine genaue Kenntnis der perspectivischen Elemente voraus; sind also Bildweite, Horizontlinie und Hauptpunkt unrichtig, so werden auch die Resultate fehlerhaft sein. Die Grösse dieser Fehler sollen nun untersucht werden.

1. Es sei die Bildweite unrichtig bestimmt, und zwar um δ zu gross erhalten worden. In diesem Falle würde man nach Fig. 8 nur dann den richtigen Horizontalwinkel a bekommen, wenn auch die Abscisse x um $p_1 q = \xi = \delta$ tang a vergrössert werden könnte. Die Correctur, welche an x anzubringen ist, wächst also nicht nur mit dem Fehler in der Bildweite, sondern auch mit dem Horizontalwinkel a, d. h. sie wird um so grösser, je weiter der darzustellende Punkt von der Hauptverticalen entfernt ist.

Wird nun x nicht corrigiert, sondern in seiner wirklichen der Photographie entnommenen Länge in Rechnung gebracht, dann erhält man einen Horizontalwinkel, der um den Winkel a zu klein ist. Der zu dem Winkel a gehörige Bogen p_1q_1 kann seiner Kleinheit wegen als Strecke betrachtet werden und hat die Läng $L = \delta \sin a$; für den Radius 1 erhält man, wenn δ gegenüber a vernachlässigt wird, eine Bogenlänge $l = \dfrac{\delta . \sin a}{d_1} = \dfrac{d \sin a . \cos a}{d} = \dfrac{\delta \sin 2a}{2d}$

Die Formel zeigt, dass der Fehler um so kleiner wird, je näher die Punkte der Hauptverticalen liegen und je grösser die Bildweite wird.

Der richtige Höhenwinkel b könnte erhalten werden, wenn $Op = d_1$ um $pq = \dfrac{\delta}{\cos a}$ und die Ordinate y um $\dfrac{\delta}{\cos a}$ tang β vergrössert würde; arbeitet man aber mit der unrichtigen Bildweite und den richtigen Coordinaten x und y, dann hat man $Op_1 = Oq_1$ statt

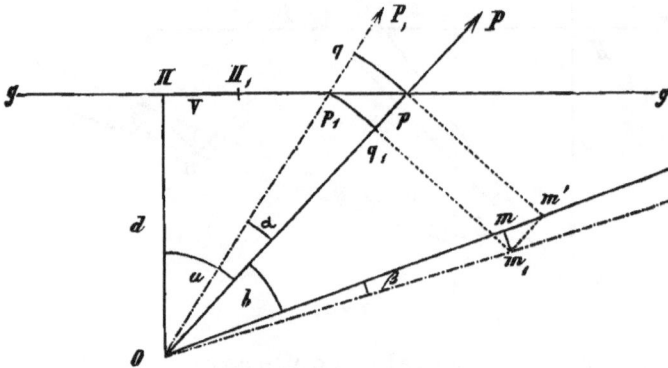

Fig. 9.

$Op = d_1$, also eine um $pq_1 = \delta_1 = \delta \cos a$ grössere Strecke, aber die richtige Ordinate y benützt, nimmt deshalb die Ordinate um $\eta = \delta_1$ tang $b = \delta \cos a$ tang b, und den Höhenwinkel um den Winkel β zu klein. Der zum Winkel β gehörige Bogen mm_1 hat die Länge $L_1 = \delta_1 \sin b = \delta \cos a \sin b$, welchen bei Vernachlässigung von mm' auf den Radius 1 bezogen, die Grösse $l_1 = \dfrac{\delta \cos a \sin b . \cos b}{d} = \dfrac{\delta \cos^2 a \sin 2b}{2d}$ hat. Man sieht, dass der Fehler mit dem Höhenwinkel wächst, aber abnimmt, wenn a und d grösser werden. In den Werten d, δ, x und y ausgedrückt, lauten die gefundenen Formeln:

$$\xi = \frac{\delta \cdot x}{d}, \quad L = \frac{\delta \cdot x}{\sqrt{d^2 + x^2}} \quad l = \frac{\delta \cdot x}{d^2 + x^2}, \quad \eta = \frac{\delta \cdot d \cdot y}{d^2 + x^2},$$

$$L_1 = \frac{\delta \cdot d \cdot y}{\sqrt{d^2 + x^2}\,\sqrt{d^2+x^2+y^2}} \quad \text{und } l_1 = \frac{\delta \cdot d \cdot y}{(d^2 + x^2 + y)\,\sqrt{d^2 + x^2}}.$$

Bei einer Bildweite $d = 10$ cm, einem Fehler $\delta = 1$ cm, einer Abscisse $x = 5$ cm und einer Ordinate $y = 4$ cm würden sich folgende Werte ergeben; $\xi = 5$ mm, $l = 0.4$ mm, $\eta = 3.2$ mm, $l_1 = 0.26$ mm; der Horizontalwinkel a wäre demnach beiläufig um $2''$, der Höhenwinkel b circa um $1^1/_2{}^0$ gefehlt. Wegen der Fehler im Horizontalwinkel werden die Horizontaldistanzen, wegen des Fehlers im Höhenwinkel die Höhen ungenau erhalten; beispielsweise würden bei der vorigen Annahme die Höhen auf eine Entfernung von 1 Kilometer schon Fehler bis zu 26 m haben können.

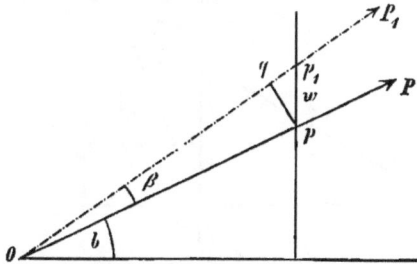

Fig. 10.

2. Eine Verrückung des Hauptpunktes um das Stück v ist gleichbedeutend mit einer ebensogrossen Änderung der Abscisse x. — Fig. 9. — Es ist $\xi = v$. Der Bogen pq, welcher den Fehler a im Horizontalwinkel a misst, ist $L = v \cos a$, der zum Radius 1 gehörige Bogen $l = \dfrac{v \cdot \cos^2 a}{d}$.

Beim Höhenwinkel b tritt eine um $p_1 q = \delta_1 = v \sin a$ kleinere Kathete Oq und die richtige Ordinate y in Verwendung, der Höhenwinkel b ändert sich deshalb um den Winkel β. Der richtige Winkel würde resultieren, wenn die Ordinate y um $\eta = \delta_1 \tang b = v \sin a \; \tang b$ geändert würde; unterlässt man dies, so tritt die Winkeländerung β ein, welcher eine Bogenlänge $mm_1 = L_1 = \delta_1 \sin b = v \sin a \sin b$ entspricht. Auf den Radius 1 reduciert, ist dieselbe bei Vernachlässigung von mm' gleich

$$l_1 = \frac{v \sin a \sin b \cos a \cos b}{d} = \frac{v \sin 2a \sin 2b}{4d}.$$

In Coordinaten ausgedrückt, hat man:

$$\xi = v, \quad L = \frac{v\,d}{\sqrt{d^2 + x^2}}, \quad l = \frac{v\,d}{\sqrt{d^2 + x^2}}, \quad \eta = \frac{v\,x\,y}{d^2 + x^2},$$

$$L_1 = \frac{v\,x\,y}{\sqrt{d^2 + x^2 + y^2}\,\sqrt{d^2 + x^2}}, \quad l_1 = \frac{v\,x\,y}{(d^2 + x^2 + x^2)\,\sqrt{d^2 + x^2}}.$$

Die Formeln lassen erkennen, dass sowohl im Horizontal- als auch Höhenwinkel die Fehler kleiner sind, wenn Objective mit grosser Bildweite verwendet werden; ferner dass der Horizontalwinkelfehler mit der Annäherung an die Hauptverticale wächst, der Fehler im Höhenwinkel dagegen bei Punkten in der Nähe der Horizontlinie und der Hauptverticalen unbedeutend wird.

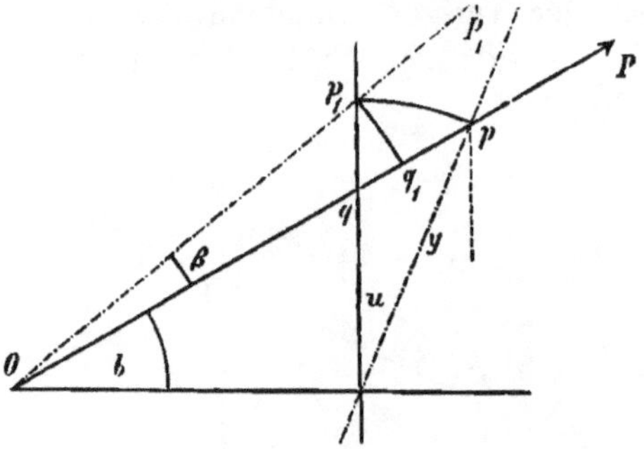

Fig. 11 a.

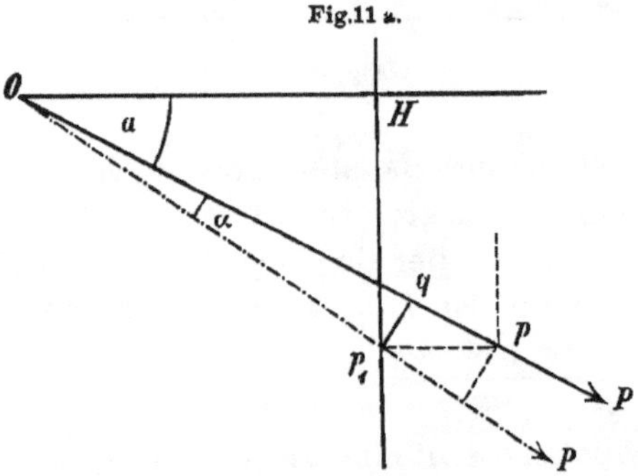

Fig. 11 b.

Ist z. B. $v = 1$ cm und wieder $d = 10$ cm, $x = 5$ cm, $y = 4$ cm, so wird $\xi = 1$ cm, $l = 0.8$ mm, $\eta = 1.6$ mm, $l_1 = 0.13$ mm, weshalb man beim Horizontalwinkel um $4^{1}/_2{}^{0}$, beim Höhenwinkel kaum um 1^0 gefehlt hätte.

3. Eine Verschiebung der Horizontlinie bleibt ohne Einfluss auf die Abscisse x und den Horizontalwinkel a, ändert aber die Ordinate y und infolge dessen den Höhenwinkel b. Beträgt die Verschiebung w, so ist nach Fig. 10 auch $\eta = w$ und der Bogen

$pq = L_1 = w \cos b$, welcher Bogen für den Radius 1 die Länge hat

$l_1 = \dfrac{w. \cos a. \cos^2 b}{d}$. In Cordinaten ausgedrückt hat man

$$L_1 = \frac{w. \sqrt{d^2 + x^2}}{\sqrt{d^2 + x^2 + y^2}} \text{ und } l_1 = \frac{w. \sqrt{d^2 + x^2}}{d^2 + x^2 + y^2}.$$

Auch hier wird der Winkelfehler für grosse Bildweiten kleiner sein; er nimmt zu, wenn die Winkel a und b kleiner werden, also dann, wenn Punkte in Betracht gezogen werden, welche in der Nähe des Hauptpunktes sich abbilden.

Haben z. B. d, x und y wieder die früheren Werte und ist $w = 1$ cm, so wird $\eta = 1$ cm, $l_1 = 0.78$ mm und der Höhenwinkel b mit einem Fehler von circa 4 ^{n} behaftet sein, so dass die Höhen auf 1 Kilometer Entfernung bis gegen 70 m fehlerhaft werden können — eine Verschiebung der Horizontlinie um 1 cm ist freilich auch ein grosser Fehler.

§ 8. **Über Fehler, welche beim Photographieren entstehen können.** 1. Eine Neigung der Platte bewirkt folgende Fehler. Statt des Bildpunktes p der geneigten Ebene, wird — Fig. 11a, b — der unrichtige Punkt p_1 berücksichtigt. Dadurch erfährt die Abcisse keine Änderung, wohl aber wird der Horizontalwinkel a beeinflusst, weil durch die Zurückdrehung der Bildebene in die verticale Lage gleichsam eine Verkürzung der Bildweite um pp_1 eintritt; die Ordinate wird nach Fig. 45a um $p_1 q = \eta$, der Höhenwinkel um den Winkel β fehlerhaft.

Weicht die Bildebene von der Verticalstellung um einen Winkel ab; dessen Bogen für den Halbmesser 1 die Länge u hat, so ist der Bogen $pp_1 = uy$, der Bogen $p_1 q$ $L = u. y. \sin a$, welcher durch Reduction auf den Radius 1 übergeht in

$$l = \frac{u. y \sin a \cos a}{d} = \frac{u. y. \sin 2a}{2d}.$$

Die Ordinate y wird geändert um $\eta = u. y.$ tang b, der Bogen $p_1 q_1$ des Winkelfehlers β ist $L_1 - u. y. \sin b$; derselbe wird für den Radius 1 gleich

$$l_1 = \frac{u. y. \cos a \sin b \cos b}{d} \text{ oder } l_1 = \frac{u. y. \cos a \sin 2b}{2d}.$$

Durch Einführung von x und y erhält man folgende Formeln:

$$\xi = y, \ L = \frac{u\, y\, x}{\sqrt{d^2 + x^2}}, \ l = \frac{u\, x\, y}{d^2 + x^2}, \ \eta = \frac{u\, y^2}{\sqrt{d^2 + x^2}},$$

$$L_1 = \frac{u\, y^2}{\sqrt{d^2 + x^2 + y^2}}, \ l_1 = \frac{u\, y^2}{d^2 + x^2 + y^2}.$$

Dieselben zeigen abermals, dass bei grosser Brennweite die Fehler kleiner werden; l wächst ausserdem mit y und a, l_1 namentlich, wenn die Ordinate grösser wird.

Ist beispielsweise für den Radius 1 cm $u = 1$ mm, was beiläufig einem Winkel zon $5^1/_2$ ^{0} entspricht, so werden unter Beibehaltung der früheren Annahme die Fehler sein: $\xi = 0$, $l = 0{\cdot}16$ mm, $\eta = 1{\cdot}4$ mm, $l_1 = 0{\cdot}11$ mm, so dass Winkel a nahezu 1^0, der Winkel β etwas mehr als $^1/_2$ ^{0} beträgt.

2. Eine Fehlerquelle, die bald in die Augen fällt, in Wirklichkeit aber von geringem Einflusse bleibt, ist die excentrische Aufstellung. — Fig. 42 — Ist S der Standpunkt und befindet sich der

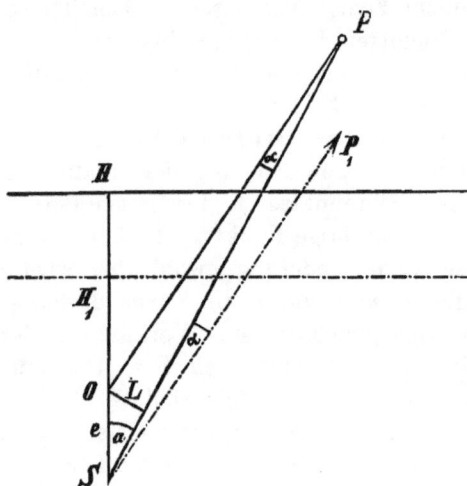

Fig. 12.

zweite Knotenpunkt des Instrumentes über O, welcher Punkt um e vor S liegt, so nimmt man statt der Visur $S\,P$ die Visur $O\,P$ auf. Bei der photogrammetrischen Construction oder Rechnung lässt man O mit S zusammenfallen und erhält deshalb die Strahlenrichtung SP_1; man fehlt somit um den Winkel a, für ihn ist der Bogen $L = e \sin a$, dem als Bogen mit dem Halbmesser 1 entspricht:

$$l = \frac{e \sin a}{D}$$

oder in Coordinaten $l = \dfrac{e\,x}{D\sqrt{d^2 + x^2}}$. Die Formel zeigt, dass der Fehler mit dem Winkel a wächst, der Entfernung D des Punktes aber umgekehrt proportional ist.

Für $d = 10$ cm, $e = 5$ cm, $x = 5$ cm und $D = 100$ m wäre z. B. $= l$ $0{\cdot}0002$ mm, was beiläufig einem Winkel von $0{\cdot}01^0$

entspricht; das ist ein Fehler, der unberücksicht bleiben kann, weil er unterhalb der Genauigkeitsgrenze der photogrammetrischen Methoden liegt.

Mit Benützung der gefundenen Gleichung kann auch bestimmt werden, wie gross die Entfernung der Objecte sein muss, damit die Excentricität ohne Nachtheil bleibt. Die photogrammetrischen Methoden liefern selten eine grössere Winkelgenauigkeit als 1 Minute; ist deshalb Winkel $\alpha = 1'$, so bleibt die excentrische Aufstellung ohne Einfluss. Nun ist für den Radius von 1 cm Bogenlänge einer Minute circa 0,0003 cm, somit $D = \dfrac{100\, e\, x}{3\, \sqrt{d^2 + x^2}}$ Meter; über diese Entfernung hinaus kann die excentrische Aufstellung unberücksichtigt bleiben. Für obiges Beispiel wäre $D = 76$ m die Grenze.

3. Ausser den im Vorhergehenden besprochenen Fehlern, welche durch ungenaue Bestimmung der perspectivischen Constanten oder durch schlechte Aufstellung des photographischen Apparates verursacht wurden, gibt es noch eine Reihe von Fehlerquellen, welche das Photographieren mit sich bringt.

Zunächst weiss man, dass die Gelatineschicht beim Hervorrufen und Fixieren des Bildes Verzerrungen erleidet. Nach Mittheilungen von Prof. H. C. Vogel*) ist der Verlauf dieser Verzerrungen nicht regelmässig und betragen sie im Mittel 0·01 % der Länge; solche Verzerrungen werden bei gewöhnlichen photogrammetrischen Aufnahmen noch keine merklichen Fehler zur Folge haben. Übrigens könnten sie hier ebenso wie bei der Himmelsphotographie vermindert werden, indem man Gitter mit photographiert. In dieser Beziehung hat man bereits ausserordentliche Erfolge erzielt: die Einstellungen auf Sternscheiben einer Henry'schen Platte (Paris) ergaben 0·0018 mm mittleren Fehler, die Gitter von Dr. Scheiner ermöglichen sogar die Einstellung auf einen Strich mit der mittleren Genauigkeit von 0·0008 mm.

Bedeutender als die Verzerrungen der Gelatineschicht sind die Verzerrungen des Papieres, auf welchen die positiven Copien hergestellt werden. Diesbezügliche Untersuchungen haben ergeben, dass die Verziehung 0·5 % in der Längsrichtung und 1 % in der Querrichtung betragen kann; die Abmessungen auf Positiven sind demnach im allgemeinen viel fehlerhafter als auf Negativen. Man wird deshalb bei genauen photogrammetrischen Aufnahmen mit den Negativen arbeiten oder Diapositive benützen. Bei Verwendung

---

*) Astronomische Nachrichten. 1888.

von Positiven können die Fehler durch das Mitcopieren einer genauen Eintheilung eliminiert werden. Photogrammetrische Apparate, welche einen getheilten Rahmen vor der empfindlichen Platte haben, liefern Bilder, bei denen die ganzen Einheiten der Theilung genau abgelesen werden können, erst kleinere Masse sind ungenau. Starke Verzerrungen können entstehen, wenn Papiercopien feucht aufgezogen werden; Dr. S t o l z e *) fand, dass eine Dehnung um 5 % eintreten kann. Der Verfasser benützt mit Vorliebe Copien auf Aristopapier; seiner Erfahrung nach erleiden dieselben bei richtiger Behandlung nur unbedeutende Verzerrungen.

Ausserdem können noch durch die sphärische Abweichung des Objectives und durch die Anwendung von gebogenen Platten Fehler entstehen. Erstere werden umgangen, wenn man sich auf Punkte mit scharfen Bildern beschränkt, letztere indem man ausschliesslich starke Spiegelglasplatten in Gebrauch nimmt.

Dass Fehler, welche in der Refraction der Lichtstrahlen ihren Grund haben, auch bei photogrammetrischen Aufnahmen vorkommen braucht wohl kaum erwähnt zu werden; sie sind wie bei anderen Messungen durch Einführung des Refractions - Coëfficienten zu corrigieren.

Anhang.

§ 9. Nächste Ziele der photogrammetrischen Studien. Die photographische Messkunst steht in innigem Zusammenhange mit der Theorie der optischen Abbildung. Letztere wird nun neuerer Zeit in Bahnen gelenkt, die ihr ein fruchtbares Gebiet für Forschungen eröffnen dürften. Es kommen nämlich die Anschauungen zum Durchbruche, dass zwischen Bildern und deren Objecte ganz allgemeine Gesetze bestehen, die ihrem Wesen nach von den geometrischen und physikalischen Bedingungen des Entstehens optischer Bilder ganz unabhängig sind und deshalb auch ohne die Voraussetzungen über die Verwirklichung optischer Abbildungen studiert werden können. Es sind das die Gesetze der collinearen Verwandschaft, welche durch die sogenannte neuere (synthetische, projectivische) Geometrie bereits vielfach erforscht sind.

*) Photographisches Wochenblatt 1885.

Durch die Verwertung der Lehren der neueren Geometrie auf dem
Gebiete der optischen Abbildung wird die theoretische Optik wesent-
liche Förderung erfahren; dies kann aber wiederum naturgemäss

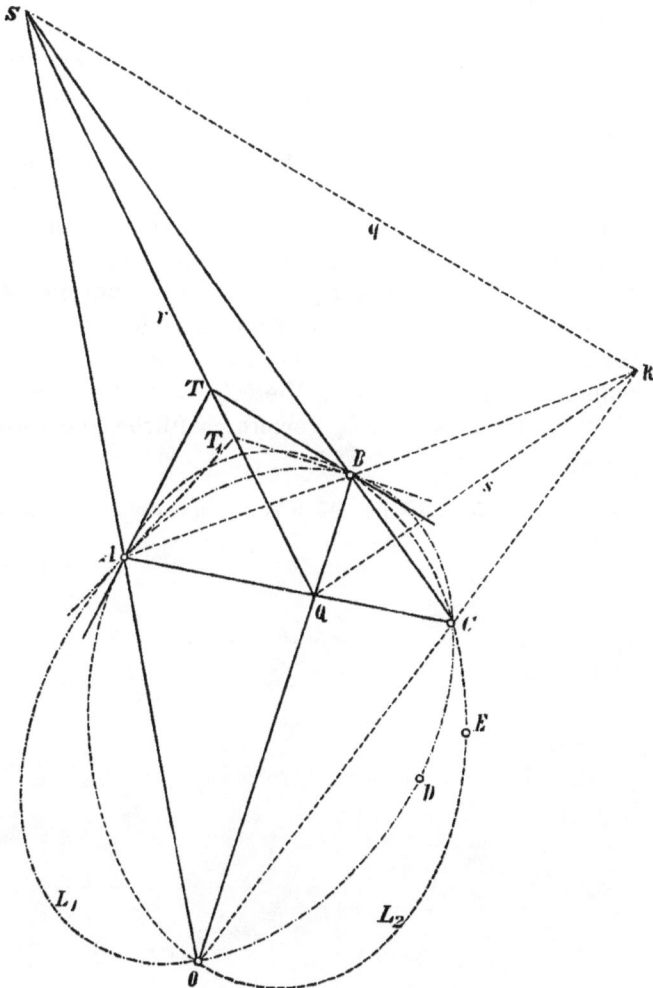

Fig. 13.

nicht ohne Rückwirkung auf die photographische Messkunst bleiben
— auch sie wird auf diese Weise weiter ausgebildet werden können.

Es würde zu weit führen, wenn wir uns hier in allgemeine
Betrachtungen einlassen wollten; es soll nur noch an einem Bei-

spiele gezeigt werden, mit welchem Erfolg die Lehren der neueren Geometrie auch bei speciellen photogrammetrischen Constructionen Anwendung finden können. Das Beispiel betrifft die Aufgabe der fünf Punkte. (I. Th. § 8, Punkt 4)

Dabei handelt es sich um die Bestimmung des vierten Schnittpunktes O der zwei Kegelschnitte $L_1 = ABCD$ und $L_2 = ABCE$. Derselbe kann nun nach projectivischen Grundgesetzen gefunden werden, ohne dass die zwei Kegelschnitte selbst gezeichnet werden. Fig. 13. So, wie in A die Tangenten AT und AT_1 an L_1 und L_2 erhalten wurden, so lassen sich auch jene Geraden BT und BT_1 construieren, welche L_1 und L_2 in B berühren. Die Schnittpunkte T und T_1 von je zwei Tangenten desselben Kegelschnittes liefern eine Verbindungsgerade r, welche eine Seite des gemeinsamen Polardreieckes der Kegelschnitte L_1 und L_2 ist; trifft sie AC und BC in Q und S, so müssen BQ und AS einander in O schneiden. Die Begründung der Richtigkeit dieser Construction liegt darin, dass QRS als Diagonalpunkte des vollständigen Vierecks $ABCO$ die Eckpunkte des den Kegelschnitten L_1 und L_2 gemeinschaftlichen Polardreieckes sein müssen.*)

---

*) Siehe auch eine Notiz des Ing. M. Kinkel in der Wochenschrift des östr. Ingen. u. Architekt. Ver. 1891. No. 32.

Nachtrag.

Während der Drucklegung dieses Buches hat die photographische Messkunst ihr Gebiet in ansehnlicher Weise erweitert. Als Photographie gewann sie nicht nur unter Forstleuten und Technikern verschiedener Richtung[*]), sowie in militärischen Kreisen neue Anhänger, sondern wird auch schon vom k. k. öster. Ministerium des Innern und dem k. k. öster. Ackerbauministerium gefördert. Einer besonderen Pflege erfreut sich die Photogrammetrie gegenwärtig an der k. k. deutschen technischen Hochschule in Prag. Bei den daselbst vorgenommenen Uebungen benützt man folgenden Apparat.[**])

Auf dem Limbus eines Universalinstrumentes wird eine Camera mit zwei Schrauben so befestigt, dass die Verbindung leicht gelöst werden kann. Die Camera besteht aus einem grösseren Rahmen R, welcher unten mit einem Scharniere versehen ist, um welches die feste horizontale Grundplatte beim Zusammenlegen der Camera hineingedreht wird. Am Rahmen R lässt sich der mit dem Harmonikabalg verbundene Einstellrahmen T befestigen; in T wird endlich, gleichsam als Thürstock für die Mattscheibe, ein Ocularrahmen eingelegt; die Grundplatte nimmt dann noch einen Verschubrahmen V mit Zahnrädern auf. Der Winkel zwischen dem Rahmen R und der Grundplatte kann mit geschlitzten Streben, die Verticalstellung des Objectivbrettchens B mit geschlitzten Messingträgern reguliert werden. Bei Arbeiten mit constanter Einstellung verbindet man den Rahmen R mit dem Objectivbrettchen B durch einen Bügel und fixiert den Verschubrahmen V.

Einer neuen (zweiten) Blüteperiode geht die Programmetrie in Frankreich entgegen. Wie dem Werke von V. Legros.[***]) zu entnehmen ist, legt man auch hier der Photogrammetrie die Perspective

---

[*]) Im „Centralblatt für das gesammte Forstwesen 1891" erschien ein Aufsatz von Oberingenieur V. Pollack: „Die photographische Terrainaufnahme", in der „Forstzeitung" vom 17. April 1891 ein Artikel von Prof. A. R. v. Guttenberg: „Die Photogrammetrie im Dienste der Forstvermessung"; im „Verein der Techniker in Oberösterreich" hielt Prof. J. Heller neuerdings einen Vortrag über „Neue Erscheinungen auf dem Gebiete der Photogrammetrie".

[**]) Prof. F. Steiner: Über Photogrammeter und deren Anwendung. Technische Blätter. Prag, Calve, 1891.

[***]) Éléments de Photogrammétrie, Paris, 1892.

zu Grunde und leitet durch Umkehrung die photogrammetrischen Constructionen ab. Nebenbei beschäftigt man sich aber auch eingehend mit der Geschichte der photographischen Messkunst. Schon Dr. G. Le Bon betonte, dass nicht Dr. Meydenbauer und Dr. Stolze die Erfinder der Photogrammetrie seien, sondern A. Laussedat. In jüngster Zeit hat nun Laussedat selbst die Sache klar gelegt (Paris-Photographe, 1891, No. 6.) Nach den bezüglichen Mittheilungen von Paul Nadar stellt es sich heraus, dass Laussedat schon im Jahre 1851 mit Hilfe der chambre claire (1804 von Wollaston erfunden) topographische Aufnahmen gemacht, und seit dem Jahre 1852 hiebei auch die Camera obscura erprobt hat, so dass man sagen müsste: Die Metrophotographie oder Topophotographie (diese zwei Namen wurden am letzten photographischen Congresse zu Brüssel in Vorschlag gebracht) ist im Jahre 1852 entstanden und Laussedat ist ihr Begründer. Ein klares Bild von der Erfindung der Photogrammetrie kann man aber erst entwerfen, bis auch Dr. Meydenbauer gesprochen haben wird.

Heynemann'sche Buchdruckerei (F. Beyer), Halle a. S.

Druckfehler-Verzeichniss.

Seite 24.   2. Zeile, zur Bildebene muss wegfallen.

„   25.   16.   „   statt „$p\,p$" muss es heissen „$p^1 p$"

„   26.   7.   „   „   „q"   „   „   „   „q_0"

„   33.   7.   „   „   „E_1"   „   „   „   „E_2"

„   39.   36.   „   „   „E"   „   „   „   „D"